Circle

8

Circle

8

親手種植 採集 入菜
香草運用完全指南
廚房必備香草自種應用有這本就夠了！

Country Wisdom & Know-How
Everything You Need to Know to Live Off the Land

史托瑞出版社（Storey Publishing）—編著
張家瑞—譯

Circle
8

親手種植採集入菜・香草運用完全指南：
廚房必備香草自種應用有這本就夠了！

原書書名	Country Wisdom & Know-How: Everything You Need to Know to Live Off the Land
原書作者	史托瑞出版社（Storey Publishing）
譯　　者	張家瑞
書封設計	林淑慧
美術編輯	李緹瀅
主　　編	劉信宏
編輯助理	曾鈺婷
總 編 輯	林許文二

出　　版	柿子文化事業有限公司
地　　址	11677臺北市羅斯福路五段158號2樓
業務專線	（02）89314903#15
讀者專線	（02）89314903#9
傳　　真	（02）29319207
郵撥帳號	19822651柿子文化事業有限公司
投稿信箱	editor@persimmonbooks.com.tw
服務信箱	service@persimmonbooks.com.tw

業務行政	鄭淑娟、陳顯中

初版一刷	2022年2月
定　　價	新臺幣380元
Ｉ Ｓ Ｂ Ｎ	978-986-5496-59-3

Country Wisdom & Know-How: Everything You Need to Know to Live Off the Land
This edition published bu arrangement with Black Dog & Leventhal,
an imprint of Perseus Books, LLC, a subsidiary of Hachette Book Group, Inc.,
New York, New York, USA.
All Rights Reserved

國家圖書館出版品預行編目(CIP)資料

親手種植採集入菜・香草運用完全指南：廚房必備香草自
種應用有這本就夠了！/史托瑞出版社（Storey Publishing）
編著；張家瑞譯.
-- 一版. -- 臺北市：柿子文化事業有限公司, 2022.2
　面； 公分. -- (CIRCLE ; 8)
譯自：Country Wisdom & Know-How: Everything You Need to
Know to Live Off the Land

ISBN 978-986-5496-59-3(平裝)

1.CST: 香料作物 2.CST: 食用植物 3.CST: 栽培

434.193　　　　　　　　　　　　　　　110022581

編輯序

在廚房的窗邊放一盆迷迭香，便能時時刻刻享受「海之露水」的滋潤。

放一點奧勒岡到番茄湯裡，你會嚐見意想不到的滋味……

香草在廚房裡的作用，無時無刻不讓人感到新鮮、驚奇、回味無窮，簡直就是一種植物魔法！

其實這種魔法，早在西元前5000年時，便已出現在蘇美人所使用的醫藥中；古埃及人也早在西元前1555年左右，便開始使用茴香、芫荽及麝香草；西元162年時，古羅馬時期著名醫學家蓋倫，更是因使用含有100種成分組合製成的複雜藥草而聲名大噪。

時至今日，可做為「香草」用途的植物種類，已超過700種，我們所喜愛的地中海料理、印度香料等等，幾乎處處可見香草的蹤跡，其與我們的生活簡直可說是密不可分。

這本針對廚房香草的書籍，內容擷取自史托瑞出版社（Storey Publishing）所規劃設計的《鄉村智慧手冊》系列，由幾位香草植物專家負責執筆。自出版以來，即幫助不少讀者從中探索出香草種植與應用的樂趣及成就感，更是一部適合初學者入門的參考用書，讓人得以一窺香草魔法的祕密。

香草種類繁多，本書從中挑出了必備的幾種，每個廚房都應該擁有這些在烹飪世界裡美麗、芳香和美味的奇蹟。這些香草構成了廚房花園的骨幹，不僅是許多佳餚的美味基礎，也是上天賜予人們的珍貴禮物。如果你正在尋找簡單的方法，以增加烹飪的可口效果，那麼恭喜

你，這些香草就是你的答案，你將被它們的香氣及風韻深深吸引，從此愛不釋手。

當然，了解香草種類之餘，能夠保證擁有優良品質之香草的最好方法，就是自己種植。無論你是在鄉間擁有可種植的土地，還是在城市的公寓中擁有自己的私人空間，都可以透過本書輕鬆地種植、收穫、保存和使用這些香草，並為這神奇的植物魔法感到驚嘆不已。

準備好了嗎？相信我，《親手種植採集入菜・香草運用完全指南》將為你的世界嶄露無與倫比的驚奇！

推薦序

他山之石

與植物親近，最直接的方式就是種植。

這本《親手種植採集入菜・香草運用完全指南》以專業又平實易讀的語調，鉅細靡遺的提供了香草種植要點，讓人得以了解土壤、施肥、栽培、移植、採收的方法。

而且詳細介紹了各種適合居家種植與料理的廚房香草植物，有哪些品種類型、個性與氣味樣貌，細細提醒讀者如何依著時序，像是日光與露水出現的時間等，去照顧、採收及保存運用。

這本書充滿了藥草學運用香草的靈魂──不僅從澆水的時間、方式與水量，就開始呵護著藥草，除了讓植物長高、長大，也要讓植物長得香。

行文間充滿著與植物相伴的情感，不單純只為了利用植物，而是照顧好植物，植物就會回過頭來照顧你。

《親手種植採集入菜・香草運用完全指南》一書原是北美出版品，對季節的描述、植物品種的介紹，自然與亞熱帶的島嶼台灣有著風土上的差異，某些香草植物的品種甚至教人耳目一新。

然而，他山之石可以攻錯，透過本書我們可以理解這些廚房藥草的療癒特質與養成環境的關係，在照顧身邊植物時，若能學會以相同的心情陪伴，把書中描述的季節特色，轉譯成台灣的氣候，便可以更懂得如何照護家中的香草植物。

此外，每種香草都附上廚房料理的多種配方，讓掌廚人們除了懂

得種植與植物特性，更深知如何運用入菜，落實let food be thy medicine的藥食同源境界。誠摯推薦給大家！

——女巫阿娥／芳香療法與香藥草生活保健作家

引領走入不同的香草世界

香草是有香味又能夠融入生活當中的植物，其中有很多西洋香草是原產於地中海沿岸，在應用上，人們可透過料理，將香草的香味呈現出來。

書中介紹了許多料理常用的香草植物，有些類別介紹得非常詳細。作者不只很詳細地分享了她的栽培經驗，也很仔細地介紹香草採收後的保存方式。這些是一般市面上香草書籍所沒有的，可說是讀者的一大福音。

書中介紹的香草都有相對應的食譜，內容相當豐富，可以引領香草栽培者進入廚藝世界；對於已經有廚藝基礎的朋友，也可以反過來透過這本書提升對香草的栽培能力。

相較於原著作者的栽培環境，台灣平地相對溫暖，較不用擔心書中提到的耐寒性問題；反而是有些香草需要想想在夏天時，該如何避免潮濕悶熱。

想種好香草，就要了解香草本身的習性，配合在地的環境，輔以栽培者的適當照顧，「因地制宜」就能把香草種好，享受香草成長與應用的喜悅！

——尼克／「和香草說說話」創辦人、「尼克の香草田園生活」創作人

一起走進迷人的香草世界吧！

香草並不只是有香氣的草木而已，它們是有魔法的植物。

想想看，大自然竟然能在小小的草葉裡內建那麼迷人的香氣，光是這點，就讓香草充滿了神祕、浪漫與想像。

如果你喜歡香氛，喜歡烹飪，喜歡手作，喜歡園藝，那你終究是要種香草的。

然而，香草並不單單只是會香的雜草，它們需要細心的呵護，長時間的照顧。不得不說，蘭姆花了很長的時間，葬送無數的盆栽，才了解到這點。

有時，誤打誤撞選了適合的香草與環境，終於看到它們生長繁盛，滿園芬芳，這才發現根本用不了這麼多，只好看著它們花開花謝，暗自凋零。

如果《親手種植採集入菜‧香草運用完全指南》沒有即時問市，蘭姆大概就只能到此為止了吧！

這本堪稱香草聖經的《親手種植採集入菜‧香草運用完全指南》，針對一般常用的十多種香草，從品種介紹（像是薄荷就有十二種，薰衣草更是多達二十種，還分耐寒跟不耐寒）、歷史傳說與醫療功效、栽種環境與照顧方法、廚房裡生活中的各種運用，以及蘭姆目前最需要的各種香草保存方式，都做了詳細的解說，搭配一目了然的圖解表格，是蘭姆看過最實用詳盡的香草書籍。

看完這本書，蘭姆手都癢了，恨不得立刻奔赴花市，帶幾盆香草回家。

所以，如果你喜歡香氛，喜歡烹飪，喜歡手作，喜歡園藝，那你

終究是要種香草的,何不就從這本《親手種植採集入菜・香草運用完全指南》開始,走進迷人多采的香草世界?

——蘭姆/臉書粉絲團「蘭姆的星野森林這一家」版主

Contents

CHAPTER

1

廚房香草 的栽培 13

大部分廚房常用的香草種類有15種,你可以嘗試自己栽種,因為即使不是在最佳的生活條件下,香草也能夠成長得相當出色。

CHAPTER

2

蘿勒 栽培與運用 47

蘿勒被稱為「香草之王」,在古老的印度教中,蘿勒是供俸用的聖草,有「印度教之神的捧花」的稱號。

CHAPTER

3

百里香 栽培與運用 65

希臘羅馬神話裡,維納斯雖在金蘋果之爭贏得了「最美麗的女神」之封號,卻因目睹特洛伊戰爭死傷無數,傷心得流下眼淚,而這些墜入凡間的淚珠便化作百里香,時稱「維納斯之淚」。

CHAPTER 4

芫荽 栽培與運用 77

猶太人在逾越節時會食用芫荽，以紀念當初在摩西的領導下，成功離開埃及的那段旅程，而芫荽在此象徵著萬物生長的希望。

CHAPTER 5

奧勒岡 栽培與運用 93

希臘羅馬神話裡，據說為了治療邱比特的箭傷，維納斯創造出奧勒岡；因其經常被撒在披薩上，因此又被稱為「披薩草」。

CHAPTER 6

薄荷 栽培與運用 109

綠薄荷是全世界廚師最喜歡的老式風味。如果你只能擁有一種薄荷，強烈推薦你選擇綠薄荷或蘋果薄荷！

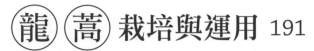

CHAPTER

10

龍蒿 栽培與運用 191

它是法式料理常見的最佳配角,不僅能勾勒出食物味道的層次,其獨特的香氣往往令人食欲大開。

CHAPTER

11

鼠尾草 栽培與運用 213

鼠尾草的存在相當令人驚艷,雖然把它用於藥草茶和食物防腐劑已經有好幾個世紀,但是直到17世紀,人們才把鼠尾草當成食物的調味料。

CHAPTER

12

細香蔥 栽培與運用 235

在番茄肉醬義大利麵上,輕輕灑上一點細香蔥末,那裊裊上升的白煙裡,映現的是令人幾近發狂的喜悅……

CHAPTER

1

廚房香草

的栽培

大部分廚房常用的香草種類有15種，
你可以嘗試自己栽種，
因為即使不是在最佳的生活條件下，
香草也能夠成長得相當出色。

戶外種植香草的條件

在大部分的優質庭園土壤中，香草都能夠生長茂盛，尤其是肥沃、排水良好的砂質土。由於大多數香草的原生環境是地中海區域的貧瘠石質土，所以即使不是在最佳的生活條件下，香草也能夠成長得相當出色。然而，如果你考慮的是打造長期性多年生植物花圃，那麼我會建議你最好從自己培養土壤開始。

土壤的肥沃度

添加有機物，像是堆肥、切成小片的葉子或泥炭苔，都能夠增加大部分土壤的肥沃度。有機物可以改善土壤質地，使輕質土或砂質土更加肥沃，而且能夠保持更多的水分，鬆化重質土或黏質土。

排水性

大多數的香草都需要排水良好的土壤（有些種類的薄荷例外）。所謂排水良好的意思，是水以緊密連續的速率滲入土壤裡，土壤表面絕對不會有滯留的一灘水，導致植物的根悶在潮溼水氣中。

千萬不要在排水不佳的地方栽種植物，除非你打算建置高架的花圃（因為可以自主控制土壤的品質）。

土壤的測試

在你著手栽培之前，所有的土壤都應該經過測試。從土壤測試中所得到的資訊，可以讓你清楚地了解你的土壤和它的需求。

你可以購買土壤檢測工具組，然後自己動手做做看；或是用最少的花費，把你的土壤送到土壤測試實驗室去做分析，你居住區的當地農業推廣服務處會幫你這個忙（台灣之檢測機構名單可至環保署環境檢驗所網站〔http://www.niea.gov.tw〕查詢）。

　　土壤測試能夠確定土壤的pH值（酸鹼質），pH值7.0是中性，7.0以下是酸性，以上是鹼性。大部分的香草喜歡介於6.0到7.5之間的pH值，如果你的土壤在6.0以下，就太酸了，這時你需要用石灰或木灰來「甜化（Sweeten）」它（降低酸性）。約每3×3平方公尺大小的區域使用約2300公克的石灰，可以提高1度的pH值。

　　土壤測試可以告訴你，你的土壤裡含有哪些營養素，以及缺乏哪些營養素。植物成長所需的主要營養素是氮、磷和鉀，這些是大多數化學肥料裡的主要成分。然而，所有的植物都還需要其他必需元素才能生長良好，其中包括鈣、鎂、硫和許多微量礦物質。大部分的香草只需要少量的肥料即可，過度施肥很容易使它們受到傷害。

施肥

　　為香草施肥的最佳時機是初春，也就是當它們剛種下或開始長新枝芽的時候。我比較喜歡使用堆肥、苜蓿粉、骨粉、血粉或棉籽粉等有機肥，也可以使用腐熟或脫水的糞肥。

　　新鮮的糞肥含有過多的阿摩尼亞，可能會使植物灼傷。假如過一陣子後，植物看起來好像需要提振精神——以葉子變黃和稀疏為訊號。就給一劑液肥，使用時加些水。我自己的偏好是使用魚肥或海藻。

　　想要的話，可以使用氮、磷、鉀含量為5-10-10（即比例各為5％、

10%、10%）的完全化學肥料。初春時，在每株多年生灌木周圍加幾湯匙，把肥料拌入土壤中，然後充分澆水，好將營養素送達根部。

護根層的應用

護根層能夠使大部分的多年生香草園長得更好。護根層是指鋪放在土壤表面的一層物質，用來保持土壤的溫度和溼度。它也能防止雜草生長，主要是因為它阻隔了陽光，阻止了雜草的發芽和成長。

如果在香草園裡使用護根層，可以大幅省下你原本用在澆水或除草的許多時間。

有機護根層會自行分解，並且為土壤提供纖維質和營養素。你的香草園有以下幾種優質護根層可供選擇：

- 切成小段的稻草、葉子或乾草（別用已結種籽的乾草料）。
- 切成小塊的樹皮。
- 草屑。
- 泥炭苔。

室內盆栽香草

你想要種植香草，但是卻沒有庭園空間嗎？或者你就是沒辦法度過缺乏能夠使每一餐生色的新鮮香料的冬季？

別絕望，有一些香草是最容易在容器裡栽培的種類。它們生長茂盛所需要的一切，就是適當的光線、溫度、肥料和水分。

選擇適合室內栽植的種類

選擇你經常用於烹飪中的香草，或是不容易在商店裡找到的種類。

最好選擇小巧的矮生種香草，像是百里香、墨角蘭、香薄荷、歐芹、鼠尾草、蘿勒或細香蔥，摘掉頂芽，就能保持植株的矮小。畢竟，你不會想在窗台上種一株近2公尺高的歐白芷吧！

摘掉頂芽，以保持植株矮小。

栽植的容器與基材

以透氣材質製作的盆子比較理想，因為這種盆子能夠讓多餘的水分滲出去。大部分的香草都無法忍受「溼根」，這就是為什麼我偏愛用陶土盆，而不使用塑膠盆的原因。而且，無論你選擇什麼樣的容器，一定要有排水孔。

栽植時，要使用適合的生長基材。無菌培養土是最保險的選擇，大部分的園藝商店裡都可以找到袋裝培養土。

在容器底部放一片花盆的碎片或一些小卵石，以防止土壤從排水孔流失。

在容器裡倒入大約半滿的培養土，再把要扦插或移植的香草放到盆子裡，然後在植株周圍覆上土壤，並在土壤表層與容器頂部間留下約2.5公分的空間。別忘了要充分澆水。

光照

　　香草喜歡陽光，它們每天至少要接受5到6小時的直接日照。如果缺乏充足的自然光，則需使用生長燈來補足光照，建議使用結合冷暖色的白色螢光燈管。光源應放在高於植株頂端約15公分的位置，而且假如這是唯一的光源，那麼每天應照射8到10小時。

溫度與溼度

　　香草習慣的溫度是白天攝氏18到21度，晚上大概再降個攝氏約6度。大部分的房子在冬天時都容易乾燥，所以在空氣中添加愈多的溼氣愈好。

　　你的植物會在下次澆水前慢慢變乾，水太多可能比水太少更容易害死香草。請用手去感覺土壤的乾度，確定土壤因乾縮而下降大約2.5公分左右。充分澆水，讓水多到從排水孔流出來。另外，植物就跟人一樣——它們比較喜歡溫水坐浴，而不喜歡冷水淋浴！

施肥

　　盆栽香草靠著定期的少量水溶性肥料，就能夠生長茂盛了。可用液態海藻或魚肥的稀釋溶液來照料它們，每週一次（依建議的劑量減半使用）。

蟲害

　　雖然蟲害和疾病是香草園裡比較罕見的問題，但你仍可能偶爾在室內香草上發現害蟲。以下是幾個常見的種類：

- 紅蜘蛛蟎：會引發葉片上一簇簇黃色似的斑點，可以透過手拿放大鏡看到蜘蛛蟎。可用肥皂水清洗植株。
- 粉蝨：很微小，長得像蛾，是會從葉片中吸取汁液的白色害蟲。從害病的植物上可以看到它們聚集起來像一朵朵小雲的樣子。用肥皂水清洗，除蟲菊殺蟲劑能夠戰勝這些粉蝨。
- 苗枯病：這種疾病通常發生於過度澆水的香草和新移植的植株上。請確認你的培養土是無菌的，不要過度澆水、疏苗，以保持良好的空氣循環。

開始栽培

種籽栽植

　　在庭園裡，許多1年生和2年生的香草，都很容易從種籽開始培育生長。或者你可以自關栽培季節，在室內培育幼苗，等到土壤變溫暖了，再進行移植。本書中提到的所有香草都可以從種籽開始繁殖，只有龍蒿例外。

　　在初春時節，當土地開始暖和起來，而且容易翻動時，便可以準備整理土壤。

　　首先把鬆苗圃，敲碎任何土塊或有機物，當土表呈細緻的顆粒狀後，便可以在土壤表面輕輕撒下種籽。接著是覆土，由於大部分的香草種籽都很小，因此只需要用一層薄薄的土覆蓋住即可。最後用水噴灑苗圃，在發芽之前不要讓土壤乾掉。

分株、壓條與扦插

　　你也可以用分株、壓條或扦插等繁殖法來擴增你的庭園。如果你的鄰居擁有一座現成的香草園，也許可以用這些方法來獲得你的需求。

　　以分株法繁殖，要在秋天或初春時從已經穩定的植株上取下一部分的根，再用鏟子或小刀把這些根分成更小叢的根，然後種回土裡（見下圖）。細香蔥、薄荷、奧勒岡、迷迭香、鼠尾草、龍蒿和百里香，都適合做分株繁殖。

　　有些香草的根會沿著莖長到地面上，這些植物可以用壓條法來繁殖。只要把土堆到莖上，就能刺激根的生長。壓條法對於薄荷、奧勒岡、迷迭香、鼠尾草和百里香十分有效。

　　你也可以利用扦插法來繁殖香草。找出當季長出的枝芽，從頂端剪下7.5至10公分的長度，只留下最上面的兩片葉子，其餘的統統摘掉，把切面浸泡在激素生根粉浸劑裡，然後種到鬆軟的生長基材中，等到植株穩定之後，就可以移植到庭園裡。這種方法適用於墨角蘭、薄荷、奧勒岡、迷迭香、鼠尾草、龍蒿和百里香。

　　每隔幾年便將植物分株，對於某些香草來說是有益的，這也是擴增你的庭園的好方法。從已經穩定的植株上取下一部分的根，抖掉多餘的土壤，再分為幾小叢。把小叢種到新的洞裡，並在洞裡加上一層5到10公分厚的堆肥。

移植

　　許多廚房香草都是在移植後或自幼苗起的8到12週後，開始發育。
這些植物一開始就長得很快，而且最後可能會長得比直接從種籽孵育而
來的植株還要大。

植栽間距

　　移植後植株之間的距離，請依照每種香草包裝盒上的建議。矮小
的種類通常間隔約20至30公分，較大的種類可以間隔到約90公分。

　　雖然在剛開始時，間距看起來似乎太寬大了些，但過不了多久，
植物就會佔滿整個區域。

移植苗的培育

　　如果想順利栽培移植的植株，你需要以下材料：

- 育苗箱、育苗盤或育苗盆。
- 無菌培養土。
- 新鮮種籽。
- 噴霧器。
- 透明塑膠袋。

　　將無菌培養土倒入育苗盤裡，把種籽輕輕地撒在土壤的表面，覆
上一層薄土，然後拿噴霧器將土壤上層噴溼。把育苗盤放進塑膠袋裡，
創造出微型溫室（這會促使植株發芽更迅速）。

　　把覆上塑膠袋的育苗盤放到一個溫暖的地方（約攝氏21度），然

後每隔幾小時檢查一次，直到你發現有小芽冒出來。然後把育苗盤從塑膠袋裡拿出來，放到有陽光的窗台上或照射生長燈。

疏開幼苗，每株間距約5至7.5公分。若族群太稠密，容易由於不通風而引發可能的疾病問題並導致疾病肆虐。

等植株長得比較大之後，你也許會想把它們移植到個別或空間較大的容器裡，好讓它們的根葉長得更為強壯繁茂。

植物的耐寒訓練

在你把移植的植物安置在庭園裡之前，要先讓它們接受耐寒的訓練，它們才能習慣戶外的生活。

- 大約在你打算移植的10天前，減少水和肥料的供給。
- 在陽光和煦的日子裡，把植物放到戶外幾小時。要放在有遮蔽的地方，才不會遭受風的吹襲。
- 逐日增加植物在戶外的時間，直到終於能將它們從早到晚都放在戶外為止。

小日子裡的香氛

許多芳香植物的香氛能夠為你的日常生活增添情趣，而且整日都有香味繚繞著你。芳香植物能夠讓洗澡水、香皂、香粉、精油、香氛袋和芳香盆散發出香氣。

以下是一些點子：

· **口香劑**：取一段薄荷枝葉來嚼。

· **香草沐浴水**：將歐白芷、薄荷、迷迭香、百里香等芳香
植物直接放進水裡，或是用一塊小紗布包起來，然後用
很熱的水浸泡約10分鐘。跳進水裡，好好享受一番吧。

· **香氛袋和芳香盆**：將薄荷、百里香、迷迭香、鼠尾草、
蒔蘿、香薄荷等香草拌在一起，靜置於密封罐中讓香氣
結合。

· **香氛袋**：把乾燥的香草碾成粉末狀，放到一個小布袋
中，然後放到抽屜裡，讓它慢慢散發香氣。

· **芳香盆**：將混合好的香草放到一個開放式容器裡，可使
滿室生香。

· **貓薄荷鼠**：把剛乾燥好的貓薄荷碾碎，縫到小枕頭或老
鼠玩具裡。這是小貓咪的最愛！

你可以嘗試看看的香草種類

能夠栽培和享用的香草有數百種，但大部分廚房常用的種類大概
只有15種。

雖然你可以盡可能地嘗試不同的香草，而且種類愈多愈好，但如
果在剛開始的時候只想小試一下，不妨考慮以下的植物。

歐白芷 *Angelica archangelica*

歐白芷在它的家鄉，芬蘭的拉普蘭省，於米迦勒節（feast day of Michael the Archangel，5月8日）時開花。

在傳說中，天使向世人宣告，可以使用歐白芷來治療疫病。

歐白芷被認為是2年生的植物，因為它通常會開花、結籽，然後在第二年死亡。

然而，歐白芷有的時候需要經過3至4年的時間才會開花，因而成了2年生植物當中的例外。

歐白芷喜歡能夠部分遮蔭的地點，還有肥沃、溼潤的土壤。最好把它種在庭園比較靠後方的位置，因為它往往能長到約1.5至1.8公尺高。

歐白芷

這種植物長得很雄偉，有大大的淺綠色鋸齒邊葉片和厚厚的空心莖。在初夏時，歐白芷會開出一大簇一大簇的白色花朵。

一般都是用新鮮、能發芽的種籽來栽培。當植株成熟後，它自己會結種籽，但必須趁莖葉還柔韌鮮豔時，將種籽採收下來。

歐白芷是一種芳香植物，可用來為利口酒和葡萄酒增添風味。或是用糖熬煮其莖製成蜜餞，可以拿來裝飾許多別致的糕點。

歐白芷的嫩芽和梗子可以和用來做裝飾的水果一起煮，藉以增添自然的甜味。

蘿勒 *Ocimum basilicum*

在原產地印度，蘿勒是一種神聖的植物，那裡的文化認為，蘿勒能夠為家庭帶來幸福。在義大利，以一束蘿勒為禮，則是求愛的象徵。

蘿勒

蘿勒是不耐寒的1年生植物，很容易遭受霜害。當庭園裡的土壤暖和起來後，很容易直接從種籽開始栽培成長。

蘿勒喜歡富含有機物的土壤，額外的堆肥會讓它長得更茂盛。請將它種在陽光充足的地方，此外，在乾燥的氣候裡要每週澆水。

這種生長迅速的植物大約能長到60公分高，並且具有向內捲曲的蛋型大葉片。

在仲夏時，每個枝子上會冒出白色的穗狀小花。摘掉花，或是在花開之前摘下每根莖的頂芽，就可以維持植株的茂密。

整個夏季裡，你都可以從成長中的植株上採收葉子。

有一種叫做「深色蛋白石」品種（或是紫色）的蘿勒，能夠將一片綠油油的廚房香草園妝點得更漂亮。它也能夠為白醋添上一抹奢華的洋紅色。

蘿勒具有一種刺激性的風味，搭配任何種類的番茄菜餚都很出色。青醬是義大利麵上的綠色醬汁，是由碾碎的蘿勒葉、大蒜、橄欖油、堅果和起司所製成。

如果想保存乾蘿勒葉，就必須在開花前採收，然後吊起來或鋪在篩子上晾乾，或者冷凍。

貓薄荷 *Nepeta cataria*

貓薄荷

貓薄荷是薄荷家族的一員，這種香草是貓的最愛。貓很喜歡它的味道，對它又磨又蹭、又玩又嚼，不過這可能會妨礙到園子裡薄荷的生長。但是，看著牠們嬉鬧，也是一種樂趣呀！

貓薄荷是耐寒的多年生植物，大概可以長到約60至90公分高。它的特徵是芳香、柔軟有光澤、灰綠色、有點方型的莖上長著心型的葉片。

從仲夏開始，枝頭上就會綻放著可愛的粉紅色花朵，如果你不斷把花摘掉，相信我，植株會長得更茂密。

可以從種籽開始栽培，或以分株法來繁殖。

在花朵綻放前剪下貓薄荷，然後吊起來晾乾。請注意，貓薄荷必須貯存在密封的容器裡，才能保存住它的揮發油。

以布料縫製成小型枕頭或可愛的玩具鼠，然後填入碾碎的薄荷葉，就成了別致的禮物。

細香葱 *Allium schoenoprasum*

細香葱原生於東方，好幾世紀以來，人們將它用於避邪和提升心靈力量。

它是耐寒的多年生植物，可長到約30至45公分高。

細香蔥

細香蔥的葉子（深綠色、長管狀）在初春時，會從土壤裡冒出來，幾乎比任何植物都要來得早。

從仲夏開始，結實的捲鬚上會結出淺紫藍色的花球。必須剪掉花球，才能維持植株的生長，但季末時的花則可以留下來，以滿足覓食的蜜蜂。

細香蔥喜歡充足的陽光、肥沃的土壤和豐沛的水。

在植株周圍覆上護根層，有助於遏止雜草掠奪生存空間。

可以從種籽開始栽培，或以分株法來繁殖。請注意，嬌小的植株其成長速度可說是相當快，應該每3至4年就可以分株1次，以維持植株的健康。

在初春時，用一把鏟子或鋒利的刀子分開植株，每一叢至少可分成10個白色小球根。另外，種回土裡時，請讓每棵分株之間的距離間隔約25公分左右。

細香蔥的葉子只要有幾公分長就可以收成了。摘下整條細長的葉子，會刺激新葉的生長。

細香蔥不容易變乾，可以冷凍起來，留待冬天時使用。

帶有清新洋蔥風味的細香蔥，是廣泛運用在料理中的香料，可以添加在歐姆蛋、湯、起司、沙拉或魚料理中，而酸奶和細香蔥讓許多烤馬鈴薯料理變得更為豐盛美味了。

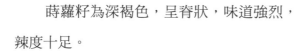 *Anethum graveolens*

人們將蒔蘿運用在烹飪藝術裡，已經有好幾世紀的時間，蒔蘿泡菜便是其中最著名的菜餚。

蒔蘿是耐寒的1年生植物，跟茴香長得很像。然而，它每一條根通常只會長出一根圓形的中空莖，其羽狀的分枝則是帶點藍的綠色，而黃色的花會開成一簇簇搶眼的傘狀花序。

蒔蘿

蒔蘿籽為深褐色，呈脊狀，味道強烈，辣度十足。

蒔蘿能夠長到約60至90公分高，可以透過群集栽培的方式，以便在寒冷的氣候裡維持生長。

一般是以種籽進行繁殖，可直接在庭園裡播種。

它最適合全日照、排水良好的砂質土或肥沃的壤土，土壤pH值為弱酸性（5.8到6.5）。用堆肥或腐熟的糞肥為土壤施肥，可以讓蒔蘿得到最好的成長。

一旦你種下蒔蘿，次年它就會結出種籽。

蒔蘿草和蒔蘿籽都能夠用於烹飪，蒔蘿草味道溫和，而蒔蘿籽味道辛辣。

蒔蘿草可以在任何時候採收，但其揮發油含量最高的時候是在正要開花之前。

它能夠為沙拉、蔬菜砂鍋和湯品增添別致的風味。

當大部分的蒔蘿籽形成時，就要摘下整束種籽穗（穗為植物莖端成串聚生的小花或果實、種籽），即使仍然開著一些花。

用整顆蒔蘿籽穗來自製泡菜和風味醋，放在罐子裡時會很醒目。蒔蘿籽能夠為麵包、起司和沙拉醬帶來獨特的風味。

你也可以等蒔蘿籽乾燥之後，再從整束穗上取下來。

茴香 *Foeniculum vulgare*

栽培的茴香分成兩種類型：甜茴香，食用其葉子和種籽；佛羅倫斯茴香，主要是食用其球莖。

茴香

甜茴香是耐寒的2年生植物，但在舒適的氣候裡，往往會變成多年生植物。它可長到約90至122公分高，具有鮮綠色的厚實中空莖、羽狀細枝，黃色花朵會開成醒目的傘狀花序，味道甘甜，種籽呈脊狀。

茴香喜歡排水良好的肥沃土壤和全日照。假如土壤的pH值小於6.0，就在土裡加點石灰。

初春時以種籽來進行繁殖，好讓它有足夠的時間開花結籽。它的葉子必須趁植株正要開花前採收。

茴香是蒔蘿的近親，要留意這兩種植物不能混栽，因為它們會交叉授粉，生出茴香蒔蘿或蒔蘿茴香！

茴香能使用在各種類型的魚料理中，而且德國泡菜也很常用它來增添風味。

墨角蘭 *Majorana hortensis* 或 *Origanum majorana*

墨角蘭在悠遠漫長的歷史中,一直象徵著甜美、幸福和健康。

墨角蘭是不耐寒的多年生植物,原產於溫暖的地中海區域。在較冷的氣候裡,它會成為1年生植物。

墨角蘭可以長到約20至30.5公分高,分枝短,莖近似四方形。

略帶灰色的小綠葉呈橄欖形,葉子背面長著一層短小的絨毛。

墨角蘭

仲夏時,葉叢間和枝頭上結著小球或小結,上頭冒出白色或粉紅色的花朵。

肥沃的輕質土和全日照,讓墨角蘭可以生長得更茂盛,它喜歡中性的pH值土壤。由於它的根比較淺,因此在植株周圍蓋上護根層,有助於土壤保溼和抑制雜草。

當土壤暖和起來後,可以將墨角蘭的種籽直接撒在庭園裡。

墨角蘭發芽的速度很慢,通常需要2週左右的時間。

要注意苗圃的保溼,直到長出幼苗。

墨角蘭也可以用扦插、壓條或分株法栽培。移植的植株之間,間隔的距離大約30公分。

墨角蘭十分芳香,它的風味在乾燥後更為明顯。要趁開花之前採收其葉片。

傳統上,墨角蘭常用於香腸和餡料。

薄荷 *Mentha species*

薄荷

辣薄荷、綠薄荷、蘋果薄荷、捲葉薄荷，還有幾種芳香薄荷，常使用於口香糖、果醬和利口酒中。

薄荷是耐寒的多年生植物，通常可以長到約90公分高，它們具有很強的蔓延能力，如果不加以限制，會侵入到庭園的每個角落。

薄荷喜歡溼潤、肥沃的土壤，在全日照到部分遮蔭的環境下，都能長得很好。

薄荷最為人所知的，是它近似方型的莖和齒狀的葉緣，以及枝頭上一簇簇白色或紫色的花朵。

一般是以種籽或分株法來進行繁殖。

較老的薄荷植株可以每4至5年分株1次，分株時，請用鋒利的鏟子將根部分成和腳掌一樣大小的團塊。不得不說，這些分株是送給園藝愛好者的好禮。

整個夏季都可以採收薄荷的葉子，盡情享受新鮮的薄荷葉。

如果要做乾燥薄荷，便要趁花苞剛出現時，從第5對葉子上方剪下它的葉梗，然後吊起來晾乾，大概需要10到15天的時間。

薄荷醬是烤羊肉和羊肋排的最佳佐料。此外，薄荷豌豆也是頗受歡迎的夏日美食。

奧勒岡 *Origanum vulgare*

奧勒岡的名聲來自為披薩和其他義大利特色料理所帶來的風味。

不得不說，奧勒岡和墨角蘭之間的關係常會讓人感到混淆，它們是近親，而奧勒岡往往又叫做野墨角蘭。

奧勒岡

奧勒岡是耐寒的多年生植物，可以長到約45至76公分高。其橢圓形、灰綠色的毛葉，自莖節中長出，而在秋天的時候，白色或粉紅色的花會讓它很醒目。

奧勒岡在排水良好的砂質壤土裡長得最好，若pH值小於6.0，就須在種植前加點石灰，因為奧勒岡喜歡鹼性土和充分的鈣質。

奧勒岡在全日照且能遮擋強風的地方長得很茂盛。假如冬季太過嚴寒，就要為植株蓋上護根層。

奧勒岡可以用種籽、分株法或扦插法來繁殖。因為種籽發芽的速度很慢，所以幼苗之間的間距要達到約40公分左右，才能得到最好的栽培成果。

乾燥奧勒岡的方法是，在秋天時，請在奧勒岡開花之前，從距離地面約2.5公分的地方剪下它的莖，然後吊起來晾乾。

歐芹 *Petroselinum crispum*

希臘人相信，由於海克力斯（Heracles，希臘神話的半神英雄）用歐芹來裝飾自己，因此歐芹後來成為力量和活力的象徵。

歐芹也與魔法和冥界有關，因此一般認為這種植物不能移植，否則會為家庭帶來不幸。

歐芹是耐寒的2年生植物，但常常被當做1年生植物栽培。它可分

為兩大類：義大利平葉歐芹和法國皺葉
歐芹。

　　在第一個生長季裡，歐芹在長長的
莖部末稍會長出一束束深綠色的葉子。
義大利歐芹的葉子既扁平又像蕨葉，法
國歐芹的葉子則是緊密的皺成一團，葉
柄上會長出黃色的傘狀花序。歐芹可以
長到約30至45公分高。

　　在給予足夠有機物的肥沃土壤中，
歐芹可以長得很茂盛。

歐芹

　　歐芹喜歡全日照，因此在全日照的環境中長得最好，但在部分遮
蔭的地方，也能夠勉強生長。

　　歐芹可以直接以種籽在庭園裡栽培。然而，由於它發芽的時間需
要3到4週，所以從幼株開始栽培往往更可靠。

　　移植的歐芹植株，大約需間隔20至25公分的距離。

　　歐芹能夠在整個秋季裡都得到新鮮的收成，如果想留待冬季時才
使用，就在秋天時採下葉片，將其乾燥或冷凍起來。

　　歐芹是很普遍的廚房香料，美味的排餐或最常見的燉品中都看得
到它。它是許多維生素和礦物質的豐富來源，其營養素包括維生素A、
B、C，還有鈣、鐵、磷。

迷迭香 *Rosmarinus officinalis*

　　迷迭香曾被稱為「記憶之草」，這個頭銜可以追溯到古希臘時

代，當時的人藉由佩戴它來增強記憶力。它也曾出現在宗教儀典上，尤其是婚禮和喪禮，用來象徵懷念和忠貞。

迷迭香

這種多年生的常綠灌木可以長到約60至183公分高，不過須視氣候狀況而定。

迷迭香有木質的莖部，長著纖細的針狀葉，葉面是鮮綠色，葉背是帶有粉質的暗綠色。春天的時候，它的枝頭開著藍色的花朵。

迷迭香是不耐寒的植物，在緯度較高的地方，必須種在遮蔽處，或是冬天時要拿進室內照料。它在溫暖的氣候裡會長得很茂盛，喜歡排水良好的鹼性土壤，所以當土壤測試結果的pH值在6.5以下時，要使用石灰或木灰進行調整。

迷迭香通常是以扦插法或分株法來進行栽培，因為它的種籽發芽速度很慢，而且往往成效不彰。

迷迭香很適合用容器栽培，這樣在冬天時，你就能夠輕易地將它移到遮蔽處。

任何時候都能夠採收、新鮮使用，若是吊起來晾乾，可以貯存到冬天。

迷迭香是十分芳香的植物，常用於肉類料理，以增添風味。

另外，由於它的味道其實還蠻強烈的，所以建議每次只需使用幾片針葉即可。

鼠尾草 *Salvia officinalis*

雖然現今鼠尾草屬於珍貴的料理香料，但在過去好幾個世紀以來，栽培它的主要目的，其實是為了做為醫療藥草使用。

鼠尾草的學名Salvia來自拉丁文salvere，是「拯救」的意思，因為當時的人們相信，只要喝下濃濃的鼠尾草茶，便能夠促進健康和延年益壽。所以不用說，每個香草園都看得到鼠尾草的身影。

鼠尾草

鼠尾草是耐寒的多年生植物，原產於地中海區域。它可以長到約60公分高，灰綠色的葉子質地柔軟，上頭有浮凸的花紋。

它的莖會隨著植株成熟而變成木質，因此應該修剪以維持植株的增長。在秋天時，鼠尾草會開著淡紫色的花穗。

鼠尾草可以從種籽開始栽培，也可以利用扦插法、分株法來進行繁殖。

由於植株成熟要花很長的時間，所以通常是用移植的植株來栽培。植株之間的適當距離約60公分。

鼠尾草喜歡全日照和排水良好的土壤。在種植前，應該先用堆肥來為土壤施肥，如果pH值在5.8以下，就添加些石灰調整。

在植株尚幼小時，需要充分澆水。

在第一季時，要少量地採收，然後逐年增加採收的量。

你在任何時候都可以採收鼠尾草的葉子，但建議1年採收2次，一

次在6月，另一次在秋季。請持續採收，以防植株木質化。最好分成一小束一小束的吊起來晾乾。

鼠尾草用於填料最能顯現它的風味，尤其適合搭配肉類（包括野味肉）的菜餚。它的風味也許會壓過味道較淡的香草。

夏季香薄荷 *Satureia hortensis*；
冬季香薄荷 *Satureia montana*

夏季香薄荷

在這兩種料理用的香薄荷之中，夏季品種是溫和的1年生植物，冬季品種則是味道較辛辣的多年生植物。

兩種香薄荷都有細窄、尖頭、深綠色的葉片，自莖節中長出。葉子上方往往又冒出細小的枝條。它在夏末開著淡紫色或粉紅色的花。冬季香薄荷可以長到約20至25公分高，夏季香薄荷稍微更高些。由於這兩種都是矮小的植物，所以很適合用容器栽培。

香薄荷喜歡有一點乾燥的土壤，而且在即使不是很肥沃的地方也能夠生存。

種在全日照之處的香薄荷，風味最佳。

種植夏季香薄荷的時候，請在初春時直接把種籽撒到庭園裡；冬季香薄荷則以扦插法或分株法繁殖。兩個品種的植株間距都建議要30公分左右。

採收後若要留待冬天使用，就在秋天時趁開花前剪下植株的莖。

冬季香薄荷要少量地採收，夏季香薄荷則可以直接從土裡拔起來，反正它經過一季就枯萎了。採收下來的香草應吊起來晾乾。

豆類料理——從湯到砂鍋菜——常常用到這兩種香草。香薄荷也是法式香草束的材料之一。

龍蒿 *Artemisia dracunculus*

龍蒿卓有聲譽，尤其是在使用賓利士醬汁和細混辛香料的法式菜餚裡。

龍蒿是多年生植物，最好的品種來自於歐洲鄉間。俄羅斯品種長得細瘦雜亂，而且缺乏氣味芬芳的精油。

分辨這兩種品種的方法之一是：俄羅斯龍蒿能結出可用的種籽，這是歐洲品種很少能夠做到的。

龍蒿可以長到60至91公分高，在生長季晚期容易蔓生。長而細窄的葉子從筆直的莖上長出，是鮮豔的深綠色。秋天時會

法國龍蒿

開出帶點綠色或灰色的花朵。由於龍蒿很少結籽，所以它應該用扦插法或分株法繁殖。

龍蒿在充分澆水的肥沃土壤和有日照的環境下長得很茂盛。建議在晚秋時用護根層覆蓋根部，以防寒害。

由於龍蒿會長成較高大的植株，所以通常每3、4年就要進行分株，以便於照料。

整個夏季都可以採收它。若要乾燥後留待冬天使用，就在初秋時離地面幾公分高的地方剪下植株的莖，吊起來或鋪在篩子上晾乾。

百里香 *Thymus vulgaris*

百里香

原生於地中海區域，這種芳香的多年生草本植物有許多知名的品種，包括：檸檬百里香、匍匐百里香和普通百里香。它是很受蜜蜂喜愛的植物。

百里香長得矮小，大約只有20至25公分高。它的小葉片呈細窄的橢圓形，通常是帶點灰的暗綠色。它的莖經過幾年後會木質化，初秋時會從葉腋裡開出粉紅色或紫色的花朵。

全日照和乾燥砂質土的環境使百里香生長茂盛，它是岩石庭園的最佳選擇。

以種籽、分株法或扦插法來繁殖百里香。種籽發芽的速度比較慢，所以最好用移植的植株來栽培，植株的間距約40公分。在初春時把植株挖起來、分株，可以幫較老、已木質化的植株回春。可以用堆肥或海藻來施肥。

整個夏季都可以採收它的葉子。若要乾燥後留待冬天使用，請趁開花前剪下它的莖，分成一小束一小束的吊起來晾乾。第一年的時候要少量採收。

百里香是用於禽肉填料的三大香草之一，另外兩種香草則是歐芹和鼠尾草。

採收香草

即便是在秋天帶來寒意甚至初霜出現，也並不代表沒有香料可用於烹飪。好幾個世紀以前，人們就發現，乾燥的香料能夠保留其精油，為冬季的料理增添風味。

採收的最佳時機

若想保存自家栽培的香料的最佳風味和色澤，就要在陽光和煦的日子裡，等葉子上的露水乾掉後採收它們。

如果擔心香草不乾淨或曾噴過化學藥劑，就在採收前一天以細霧噴頭澆洗植物，而不是在採收後才清洗，這樣一來，植物才會乾得比較快，也可以降低珍貴精油流失的風險。

趁開花前採收葉子，此時的風味最佳。假如會用到種籽，就讓植株開花，完成它們的週期循環。趁種籽隨風飄散前採收整束種籽穗，為次年的栽培做準備。

採收多年生香草時，用剪刀或鋒利的刀子從距離地面幾公分的地方剪下或割下植株的莖。如果你在6月時剪掉一半的長度，便可以在秋天收成第二批作物。在第一季時少量採收，植物才有足夠的力量過冬。

採收1年生香草時，我通常會將整棵植株拔起，因為它已經完成了整個生命週期，不久便會枯萎。然後我會沖洗或輕輕搓洗掉附在根上的土壤。

2年生植物的採收方式可以像多年生的一樣，從莖的部位剪斷，或是像1年生的植物直接從土裡拔起來。

乾燥法

　　吊著晾乾是保存自家栽培香料的最普遍方法。把剛採下來的香草綁成幾小束，然後倒吊在溫暖、陰暗、通風的地方（見下圖）。有些人會將香草束放在有透氣孔的紙袋裡，以降低接觸光和灰塵的機會。如果你有一間陰暗、通風的閣樓或小房間，即使不用紙袋也能成功地使香草乾燥。兩種方法都試一試，然後看看你喜歡哪一種。

　　香草大約會在2週後徹底乾透，或變得一碰就碎掉，別讓香草一直吊著，因為這會降低它們的品質。

　　把葉片從梗子上剝下來，如果要用在烹飪中，就把它們細細碾碎；當做茶葉的葉片則要保持完整。貯存種籽時，你可以將整顆種籽穗貯存起來，或把種籽取下來再貯存。

　　處理小量或從梗子上剝下的葉片或種籽穗時，鋪在篩網上晾乾是最好的方法。在細網眼的篩子上鋪一層香草，放到空氣可以在篩子四周循環流通的地方，1至2週後香草應該就能徹底乾透。等到香草乾燥了，要立刻將它們貯存起來，以減少珍貴精油的流失。

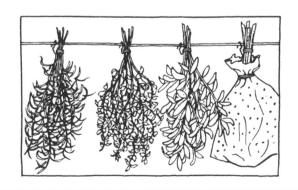

把剛採下來的香草綁成幾小束，然後倒吊在溫暖、陰暗、通風的地方。
有些人把香草束放在有透氣孔的紙袋裡，以降低接觸光和灰塵的機會。

使香草乾燥的訣竅

不要像採小菊花般採香草，要用工具剪或割，修剪刀就很適合。1年生的草本植物要留下10公分的莖，多年生的草本植物只要剪掉1/3的長度。以這兩種情況而言，剪枝都會促使它們進一步的生長，以及收成。

香草獨到的風味，可能因受熱而遭到破壞，或經陽光照射而減弱。無論花、草、葉片，都應該以低溫乾燥，並且避免直接照射陽光。為了使香草迅速乾燥以保存風味，通風良好是很重要的。

讓葉子留在葉梗上變乾，乾燥的葉子比新鮮的葉子更容易剝下來。如果使用市售的乾燥機、烤箱或自製的乾燥器，大部分的香草都應個別處理，以免獨特的風味被混在一起。但如果是在戶外弄乾，這層顧慮就不必要了。

用好幾個小罐子貯存大批的香草。小容器比大容器更容易保留住香草的風味，否則打開大容器時，就會流失一些香氣。為了保留香草的最佳風味，要確定密封蓋有蓋緊，並且放在乾燥、涼爽、陰暗的地方。如果沒有陰暗的貯存處，可以把罐子放到紙袋或有蓋的盒子或金屬罐裡。

不要把香草存放在靠近爐子、散熱器或冰箱的櫥櫃裡，那些機器散出來的熱氣會使香草的風味流失。

摘錄自Phyllis Hobson的Food Drying

以烤箱烘乾是具高度爭議的話題，有些人喜歡它的快速，有些人抨擊這種作法，因為他們認為那麼做會把揮發油都耗損掉。

如果你想試試看，我在此提供作法。先將烤箱預熱到攝氏65.5度，接著把香草鋪在烤盤上，然後放到烤箱裡，烤箱門微開。每隔幾分鐘就翻動一下，等到香草變得乾脆之後，盡快取出烤盤。

請把乾燥的香草放到深色的密封罐裡，因為香草在接觸光線之後會褪色。必須提醒你一點，香草的風味不會永久保留，粉狀香草的揮發油和風味流失的速度，都比整片葉子的香草來得稍快。

冷凍保存

有些厚葉的香草，像是歐芹和蘿勒，以及無法成功乾燥的香草，像是細香蔥，其實可以冷凍起來。冷凍香草的辛辣和新鮮香草是一樣的，只是缺乏鮮脆的口感。

冷凍香草時，可先輕輕沖洗剛採下的香草，然後擦乾。把葉片從梗子上整片的剝下來，放進袋子或容器裡，貼上標籤，然後冷凍。

香草也可以做成冰塊。只要把香草切成小段，放到製冰盒裡，再倒入水，然後冷凍起來。要用時再把它們從製冰盒裡取出，放到壺裡。

用香草做料理

如果你想減少食鹽的攝取量，可以試試把香草當成調味料來使用。這裡有份歷經時間考驗的指南供讀者參考。

- 大部分的香草要在烹飪結束前30分鐘添加到料理中。用小火慢燉的方式讓香草把香氣釋放到食物裡，而且這種方式能夠保留住揮發油。

- 乾燥香草比新鮮香草的氣味更濃烈——1茶匙乾燥香草等於1湯匙新鮮香草。

- 多方嘗試香草的使用方式！用在舊食譜裡、試用於新食譜、將各種香草搭配使用。

- 請適度地使用。有些香草如果使用太多，味道也許會過重。要熟記氣味濃烈的香草——鼠尾草、迷迭香、百里香和奧勒岡。

香草醋

　　鮮黃色和洋紅色的醋為沙拉帶來了朝氣。能為醋增添風味的香草有許多種：蘿勒（綠色和紅色品種皆可）、茴香、龍蒿、蒔蘿（葉子和種籽穗皆可）、薄荷和百里香。大部分種類的醋都可以使用，不過，白醋和酒醋比其他種類更適合，因為它們的口感比較溫和，而且較容易與香草的風味結合。

　　做香草醋時，把1杯磨碎或剁細的香草放入一個有玻璃蓋的罐子裡。如果想要的話，可以加1、2片蒜瓣。倒入約1公升的醋，蓋上蓋子，然後放到溫暖的地方，靜置2至3週。

　　待時間到了，嚐嚐它的味道，看看是否符合你的喜好。如果味道太淡，就加入更多切碎的香草，或是再靜置1週。

　　過濾香草醋，裝到漂亮的瓶子裡，並在每個瓶子裡加一枝新鮮的香草。請將它封好，把瓶子存放到涼爽、陰暗的地方。

在製作醋的過程中不建議使用金屬蓋、濾器或湯匙，因為這麼做有時候會產生異味，而且醋會鏽蝕金屬。

香草及其用途

香草	間植計畫	烹飪建議	醫療效用	禮物／精品
歐白芷		裝飾水果的自然甘味劑。莖可以糖煮成蜜餞。	幫助消化、活力通寧水、支氣管問題與感冒。	以歐白芷蜜餞做為裝飾的精緻糕點。
蘿勒	和番茄種在一起，不喜歡芸香。	番茄菜餚、義大利蔬菜濃湯、義大利麵的青醬、魚、南瓜砂鍋。	感冒、腹絞痛、頭痛、瀉藥。	放在漂亮罐子裡的青醬、紫蘿勒醋、蘿勒盆栽、乾燥香草。
貓薄荷	能威懾葉蚤。		消化不良、生理期不適、安定神經。	自製的貓薄荷玩具、新鮮的插枝、茶。
細香蔥	和胡蘿蔔種在一起。	歐姆蛋、湯、綠色沙拉、起司、魚、素菜。	幫助消化。	新鮮的奶油起司與細香蔥抹醬、細香蔥盆栽。
蒔蘿	與甘藍菜及其家族成員種在一起，不喜歡胡蘿蔔。	**葉子**：沙拉、魚、蔬菜。**種籽**：泡菜、沙拉醬、多肉菜餚、麵包。	失眠、胃腸脹氣。	自製罐裝蒔蘿泡菜、蒔蘿醋、新鮮醋、新鮮蒔蘿。
墨角蘭	遍佈於庭園的各處。	禽肉調味料、肉類與野味肉、醬汁與滷汁、湯、蛋類菜餚。	感冒和鼻塞、腹絞痛、頭痛。	法式香草束、香氛袋、茶、香草奶油醬。
薄荷	與甘藍菜和番茄種在一起。	夏令飲料、水果、薄荷豆、沙拉、糖果。	幫助消化、感冒、流感、興奮劑。	薄荷醬、薄荷茶、糖果、香氛袋、根分株。

香草	間植計畫	烹飪建議	醫療效用	禮物／精品
奧勒岡	遍佈於庭園的各處。	披薩、義大利麵、番茄、義大利菜、湯、蔬菜砂鍋。	神經性頭痛、減緩牙痛。	綜合義大利乾燥香料、盆栽、精油。
歐芹	番茄。	湯、燉品、沙拉、所有的蔬菜、排餐、魚、裝飾。	腎結石、利尿劑。	法式香草束、茶、新鮮歐芹枝、歐芹盆栽。
迷迭香	鼠尾草、豆類、綠花椰、甘藍菜、胡蘿蔔。	肉類與野味肉、滷汁與醬汁、羔羊肉、麵包。	舒緩神經方面的問題，增強記憶力。	綜合滷包、香氛袋、茶、護髮露、迷迭香盆栽。
鼠尾草	迷迭香、胡蘿蔔、甘藍菜。但不喜歡小黃瓜。	禽肉填料、豬肉、起司、麵包。	頭痛、通寧水（奎寧水）、助消化、潔白牙齒。	鼠尾草起司、綜合填料、茶、護髮露。
香薄荷	豆類、洋蔥。	所有的豆類菜餚、填料、魚、湯、素菜和蔬菜汁。	感冒、腹絞痛、氣喘、通寧水。	法式香草束、茶、盆栽、香氛袋。
龍蒿	遍佈於庭園各處。	賓利士醬汁、魚、蛋、夏季冷沙拉、湯、蔬菜汁。	通寧水以及酏劑*。	風味醋、龍蒿醬、細混辛香料。
百里香	甘藍菜。	肉類、雞、魚、湯、燉品、醬汁、沙拉。	頭痛、抗菌劑。	法式香草束、茶、香氛袋、插枝。
茴香	單獨種植。	鮭魚和油性魚、沙拉醬、麵包和麵包捲、蘋果派。	抑制食慾、腎和泌尿問題、腹絞痛。	新鮮出爐的茴香籽麵包捲、茴香油。

＊酏劑：elixir，是一種口服、具有甜味的液體，用於醫療用途。

CHAPTER

2

蘿勒
栽培與運用

蘿勒被稱為「香草之王」，
在古老的印度教中，
蘿勒是供俸用的聖草，
有「印度教之神的捧花」的稱號。

種植與栽培

播種時期

　　在最後一次霜凍之前的4至5週（台灣以四、五月間最適宜），播下蘿勒的種籽。在盆子或育苗盤中放入溼潤的培養土，用沙子或蛭石鬆化土壤。把種籽種在差不多5.5公分深的地方（經驗法則：任何種籽種植的深度，是它長度的3倍）。輕輕地把土壤蓋回去，澆點水，然後在盆子上覆蓋一張透明塑膠布，以防止水氣散失。在標籤上註明品種名稱，以及播種的日期。

溫度與濕度控制

　　把盆子放到一個溫暖的地點，例如冰箱上，或是任何你可能會拿來醒麵糰的地方。攝氏23.9度左右是最適合蘿勒種籽發芽的溫度，發芽大約要花1週的時間。

　　當幼苗冒出來之後，就把塑膠布拿開，將植物移到最明亮的地方，要不然它們會一直朝有光線的地方伸展，而且變得既細瘦又虛弱。有必要時才為幼苗澆水，要訣是不要澆得過多，但要保持土壤的溼潤。蘿勒喜歡在距離下次澆水前有個稍微乾燥的環境，但不要到會讓它乾枯的程度。請提供充足的光線和溫暖，直到幼苗準備好移植到庭園裡。

　　最好等到寒凍的危機都過了之後，再把蘿勒種到戶外。如果你的庭園溫度比較低，最好是種在能受到保護的區域裡。在每個新移植的植株周圍撒上一圈木灰，可以遏阻切根蟲（夜盜蛾）。2週之後植株應該就穩定了，到時切根蟲便無法傷害它們。

混栽防止蟲害

根據園藝知識和傳統，混栽（在庭園裡把某種植物種在另一種植物旁邊）是促進茁壯和控制蟲害的最佳方法之一。

蘿勒是一種特別珍貴的混栽植物，部分原因在於它強烈的香氣。把蘿勒種在番茄和山椒附近能夠驅蟲，蘿勒也能使你園子裡的蘆筍更茁壯，所以也在蘆筍附近種一些吧。曾有人建議，把蘿勒種籽隨意撒在糞肥周圍或前門附近，可以用來驅趕蒼蠅和蚊子。

把蘿勒種在香草園、菜園、花園或容器裡，除了有搶眼的葉子和漂亮的花朵所構成的富麗景象，還可以讓你吞到肚子裡。迷人的花朵，包括金蓮花、百日菊、金盞花，甚至其他品種的蘿勒，例如皺葉綠蘿勒或皺葉紫蘿勒，都可以和甜蘿勒一起種在容器裡。矮小、緊密、灌木型的品種，像是辣球形蘿勒或綠蘿勒，都能為露天平台或雅座區帶來縷縷香甜的氣息。

蘿勒非常好用，所以要確定你有足夠需求的量：6株用於香蒜番茄調味料，再加上紫色和芳香品種各2株，用於油醋醬。夏季沙拉和烤肉也各需要1株萵苣葉蘿勒。規劃至少栽培2種矮蘿勒，種在盆子裡，可以生長一整年。交錯安排你的栽培計畫，才會有源源不絕的新鮮蘿勒。

植栽間距

在庭園裡的一區群植好幾種蘿勒時，要記得每一個品種的高度和所需空間，才能讓它們長得好又美觀。舉例來說，皺葉綠蘿勒和皺葉紫蘿勒是矮小的灌木型品種，大約45至60公分高，一般灌木型綠蘿勒會長到30至45公分高。

不過，在灌木型的家族裡，還有一種迷你、緊密、葉子擁擠在一起的品種，叫做辣球型蘿勒，只有10公分高，最好種在皺葉品種之前、花圃邊緣的地方。

栽培檸檬蘿勒時也是一樣的道理，它是一種小巧的植物，與其他帶有肉桂香味的品種相較起來，並不是活力特別旺盛、會拚命生長的品種。把花圃前一排的位置留給檸檬蘿勒，種在鮮豔的花朵旁邊，可以適當掩飾它細狹的葉子。

土壤

因為蘿勒是收成葉子的作物，所以它需要優質的肥沃土壤，但可別做過頭了。香草的風味來自於它們的精油，太多的氮會讓它們不停地生長，但精油含量卻變少。

供植物生長的土壤pH值，理想範圍介於6.4到7.0之間，這個範圍也適合玉米或番茄。在種植前請將腐熟的糞肥混到土壤裡，或是以魚肥和液態海藻做為有機肥料，有助於保持養分層的平衡和充足。

日照光線

蘿勒極喜愛陽光，它在炎熱的夏季生長得最好，寒冷的土壤或空氣會導致蘿勒生長緩慢。蘿勒每天需要至少6個小時的全日照。

水分補給和溫度

幫蘿勒澆水時，使用滴灌會比灑水器好，因為植株葉子上的冷水會導致黑斑病。

若想在冬天時保留幾株蘿勒盆栽，可於夏末從庭園裡的植株上取一截剪枝，然後插在微溼的無菌培養土中讓它生根，或是於仲夏時在盆子裡播下幾顆種籽，秋末便能成熟。

別指望植物能在冬季陰暗的日子裡，不靠著補給光線便能抽出許多新芽。

做為室內的盆栽植物，有些蘿勒確實長得比其他的植物好。灌木型蘿勒由於小而緊密的葉子及其生長習性，比起其他品種，更能夠忍受室內生活的壓力。

各種品種的蘿勒

蘿勒所含的精油令它們別具特色。每一個品種所含有的酒精、萜烯、醛、酮和酚的比例都不相同。這些成分的比例決定了每個品種香甜或辛辣的香氣和風味。

植物形態是蘿勒中的另一個區別因素。根據品種的名稱，我們便能知道植物的生長習性、大小、形狀和顏色。每個品種都有它自己的優點，所以才有各種用途的蘿勒。

全世界能在庭園中栽培的蘿勒超過60種，雖然大部分主要用於烹飪，但其中有許多種也用於裝飾，而且有些稀少品種由於它們的歷史價值而保留至今。

不管怎麼說，蘿勒的多種用途實在令人感到驚奇，而它繁多的品種亦各具特色，相信接下來的介紹你一定會相當有興趣。

甜 蘿 勒 *Ocimum basilicum*

甜蘿勒

甜蘿勒是最廣為人知且廣為栽培的種類，它的葉子是中綠色，平滑有光澤，略呈脊狀。

甜蘿勒的風味強烈，有時還帶著一絲絲的甘草味。熱那亞甜蘿勒最適合新鮮或乾燥使用，它的葉子很容易收成——從枝頭整簇整簇地摘下葉子。

大部分的美國公司僅把它列為「甜蘿勒」，但是像熱那亞甜蘿勒那般有著抽薹（花芽分化後，從菜心中開始長出花莖結構的過程）較慢，且在醬汁中具有久煮不苦之優異特質的，還有幾種歐洲品系。

1. **普通蘿勒**：橢圓形的葉片帶有似丁香的特殊香氣，是普通蘿勒的特徵。葉緣沿著主脈微微向內和向上彎曲，在尾端形成尖頭。主莖上會開出白色的花朵，但為了保留葉子的最佳風味，需要摘除花苞。葉片的大小約為5至7公分長、1.6公分寬。

2. **熱那亞甜蘿勒**：光澤、狹長、杏仁形狀的葉片正好映襯出它們純正的香甜風味。新鮮的葉片搭配番茄片或摻在沙拉淋醬裡，是很受歡迎的用法。要乾燥這種蘿勒葉很容易。這種植物多產，生長力旺盛，可以長到30至45公分高，20至30公分寬。在義大利被廣為栽培於溫室裡。

灌 木 蘿 勒／希 臘 蘿 勒 *Ocimum basilicum 'Minimum'*

灌木蘿勒是一群筆直、矮小的植物，表面覆著小而芳香的葉子。這種植物非常具裝飾性，因為它嬌小的葉子與整體的比例搭配得宜，很

像是一盆盆景，這些蘿勒尤其適合種在盆子或容器裡。

收成灌木蘿勒時，請拿住整條樹枝，然後刹下葉片。

這個種類的蘿勒，由於葉片在碾碎後會釋放出獨特的香氣，所以很受到廚師們的喜愛。

有些廚師相信，灌木蘿勒能夠做出最好的青醬。

灌木蘿勒

1. **細緻綠蘿勒**：細緻綠蘿勒是灌木蘿勒之中體型最大的。勻稱的球形植株可以長到30至45公分高，大約30公分寬。它有甜蘿勒的純正芳香和風味，緊密羅列的葉子約1.3公分長。細緻綠蘿勒在開花之後仍能保有它的香味。在與1年生開花植物混栽的蔬菜園裡，是很理想的緣飾植物。

2. **香韻綠蘿勒**：有一般蘿勒的熟悉香甜味，但是葉子較短、植株較矮，葉片生長得很緊密。香韻綠蘿勒的模樣是可愛小巧的球形灌木，可長到20至30公分高，葉子約0.6至1.3公分長。

3. **球形辣蘿勒**：在灌木蘿勒的種類中，球形辣蘿勒是最小也最緊密的品種。它會長成整齊的傘形，高度和寬度可以達到10至20公分。鮮綠色的葉子大約是0.6公分長，成簇地生長。這種迷你蘿勒由於頗具裝飾性，所以很適合種在陽光照射得到的窗台，做為廚房香草。

紫紅蘿勒 *Ocimum basilicum 'Purpurascens'*

有些紫紅蘿勒的顏色非常鮮明，讓人們往往為了其裝飾價值而單獨種植它們。這些紫紅蘿勒中的翹楚便是紫葉蘿勒，它葉子的形狀和傳統的綠蘿勒一樣，但顏色是非常深的紫色。

紫紅蘿勒的花是柔柔的淡紫色。其葉和花在沙拉中有畫龍點睛之妙，做成的蘿勒醋也非常繽紛妍麗。

深紫葉蘿勒

這些深色葉片與艾屬植物等葉子顏色暗淡的植物，在花圃的邊緣上，會形成鮮明且搶眼的對比。

1. 紫葉蘿勒：搶眼的紫色葉片為它贏得了全美優異品種獎（All-America Award for Excellence）。它是在1962年以雜交方式培育出來的，結合了色彩鮮豔的土耳其種和芳香的甜蘿勒。它需要有利的環境才能夠生長，不過一旦穩定之後，紫葉蘿勒會長到25至30公分高，20至25公分寬。

2. 皺葉紫蘿勒：顏色和形式近似於紫葉蘿勒，不過紫色的皺葉看起來更茁壯，而且葉片也較大。深紫色的葉片上有分明的凹口，還有波紋般的紋理。

   和紫葉蘿勒同樣優秀，它也得過全美優異品種獎。植株可以長到45至60公分高，它會開出淡紫色到玫瑰色的花，是很適合與皺葉綠蘿勒混栽的植物。

萵苣葉蘿勒／皺葉蘿勒 *Ocimum basilicum 'Crispum'*

萵苣葉蘿勒有寬大的葉片，比起其他的綠蘿勒，它的風味較不明顯，但是這樣的溫和也是有好處的——很適合放在番茄醬汁裡久煮。試試將這種蘿勒的大葉片撕成一口的大小，和結球萵苣以及成熟的番茄一起拌到沙拉裡。猛瑪蘿勒巨大的葉片很適合用來乾燥、包捲炙烤的魚肉或雞肉，或和其他蔬菜一起做為填料。

皺葉蘿勒

栽培萵苣葉蘿勒需要很多空間——植株間距需為45公分。由於它不適應於夏末時被栽到盆子裡，所以若要種成盆栽，最好一開始就種在盆子裡。

1. 猛瑪蘿勒：在所有萵苣葉蘿勒裡，猛瑪蘿勒具有最大的葉片，葉長10至20公分，寬度相當。植株可以長到45公分高，所以最適合栽培於花圃的中段。猛瑪蘿勒長出種籽穗的速度不像甜蘿勒或灌木蘿勒那般快；它的香氣與甜蘿勒很相似，但風味稍淡。

2. 那不勒斯蘿勒：那不勒斯蘿勒是義大利品種，從主莖上垂下又大又皺的葉片，讓植株有著熱帶植物的樣貌。它的植株和葉子都比猛瑪蘿勒稍微小一點，它的白花綻放得比其他種類的蘿勒還晚。

3. 皺葉綠蘿勒：有著鋸齒葉緣的大皺葉，風味輕淡，植株茁壯，較晚才被納入美洲種籽的目錄中。它是皺葉紫蘿勒的近親，種在景觀花圃或香草花圃裡時，這兩種植物是很好的搭配。

香氛蘿勒 *Ocimum basilicum odoratum*

檸檬蘿勒

有好幾種蘿勒，它的香味會使人聯想到其他的植物。肉桂蘿勒、檸檬蘿勒、甘草或茴香蘿勒，都適合放在這個類別中。

值得一提的是，肉桂蘿勒和茴香蘿勒都是有著深色葉片的美麗植物，還有醒目、色澤濃郁的莖。它們的花朵是柔柔的淡紫色，其各具特色的香氣可說是非常強烈。雖然檸檬蘿勒的植株比較不茁壯，不過一旦成熟之後，它會給予豐饒的收穫。

如果你想來點變化，可以用香氛蘿勒來取代任何食譜裡的甜蘿勒。香氛蘿勒可以提升印度酸甜醬和水果蜜餞的層次，賦予別致的風味和香味。以香氛蘿勒為香料，卡士達醬和雪酪也能蒙受其益。把香氛蘿勒種在庭園的大門，便能以芳香迎賓。

1.**檸檬蘿勒**：檸檬蘿勒有著淺綠色的細葉和獨到的檸檬芳香。它的香味雖然輕淡，卻是炒蔬菜的好佐料。雖然英國在16世紀就知道檸檬蘿勒的存在，但是直到1940年它才從泰國被引進美國。檸檬蘿勒比其他蘿勒稍微難栽培，因為它並不好移植，而且容易結種籽。最好能小心處理移植的植株，或直接以種籽栽培。這種植物可以長到30公分高，寬度不會比20公分多太多。持續剪除種籽穗，植株才能生長得更茁壯。

2.**肉桂蘿勒**：每當在庭園裡從肉桂蘿勒旁走過、摘下它的葉片或拂

過葉叢時，空氣中便充滿了它帶著辛辣的芳香。其古銅色的葉片和玫瑰粉色的花相當引人注目。這些茁壯的植物可以長到30至45公分高，20至25公分寬。肉桂蘿勒特殊的芳香很適合用於果醬、卡士達醬、水果沙拉或肉類的滷汁。很少有乾燥的肉桂蘿勒——效果不像新鮮的那麼好。連枝帶葉整條摘下，然後加到香草花圈裡，偶爾用噴霧器灑水，可提振芳香的氣息。

3. 甘草或茴香蘿勒：茴香蘿勒的植株是帶點深紫紅的深綠色，花莖是淡紫玫瑰色，這使它成為美麗的庭園植物。茴香蘿勒常見於亞洲料理，賦予食物茴香般的香甜風味。不過它的用途並不限於這類料理，它尤其適合燴梨子和燴香瓜。其新鮮、偏酸的風味，能夠為以番茄為主的菜餚加分。茴香蘿勒可長到約40.5公分高。

採收時機

為了從植株上得到最大量的收穫和最佳品質，要從主莖或分枝上摘除葉節點腋芽上方的葉子。摘除枝頭的葉片，留下的腋芽才會開始長出更多分枝。蘿勒愈是用這種方法修剪和採收，植株就會長得愈茂密。

修剪植株，去除花苞和頂芽。

從主莖或分枝上摘除葉節點腋芽上方的葉子。

為了得到最好的風味，要在花朵形成前採收。一旦花開了，竊用掉精油，葉子的風味就開始改變了。請持續修剪植株，可以用手摘掉花苞，或用剪刀剪掉頂芽。

在採收後以肥料或魚肥為植物施肥，以刺激腋芽的新生。幾週之後，你就能夠再次採收了。

蘿勒的保存方法

水浸法

不能把新鮮的蘿勒放到冰箱裡，那對不耐寒的葉子來說太冷了。把剪枝放到水裡，蘿勒便能在窗台上好好地度過1週。

自然乾燥法

若要乾燥蘿勒，就在晨露乾透後採收。

在乾燥前不要清洗葉片——有必要的話，只需刷掉髒污。每3到5枝綁成一束，用細鋼絲或橡皮筋繫好，倒吊於溫暖、陰暗的地方，時間約2到4週。可以用暖爐做為乾燥器，在幾天內就能使蘿勒乾燥。

烘乾法

在烤盤上鋪一層葉片，烤箱溫度設在最低溫，烤到完全乾燥為止。這兩種方法都無法保存蘿勒的綠色，但能夠留住風味。在桌上鋪一張報紙，把乾燥的葉片弄碎後放到密封容器裡保存，並避免陽光照射。

製成花圈或香氛袋

香氛蘿勒，尤其是檸檬和肉桂品種，當葉子乾燥之後，很適合額外添加在香氛袋和乾燥花圈裡。中午或下午當葉子上的溼氣消散後，便能夠從莖的地方剪下、採收。請一小束一小束地聚集起來，倒吊在溫暖、乾燥的地方。

如果要拿來做花圈，葉片要保持完整，而且要附著在莖上。如果想做芳香盆，就把它碾碎，然後和果皮及芳香精油拌在一起。

烹飪前的美味小技巧

當使用乾燥蘿勒烹飪時，請先量好食譜所需要的份量，然後在加到烹飪鍋裡的時候，直接用手指或手掌壓碎香草再投入。

假如乾燥蘿勒的風味流失了，就把那些蘿勒鋪到烤盤上，放到烤箱裡以低溫烘烤，也許能恢復其風味。

蘿勒葉可以整片地冷凍保存，儘管顏色會變黑。

在採收蘿勒時，請剁掉葉片，然後把葉片浸在水裡，將泥土沖洗乾淨。用蔬果脫水器或濾盆弄乾葉片，然後放在2張紙或2條毛巾之間，以吸收葉片上多餘的水分。接著把葉片收到塑膠袋裡、封好，然後放到冷凍庫裡保存。

或者，可以將2杯切成小段的蘿勒葉和1/4杯橄欖油放到攪拌機或食物處理器裡充分攪拌混合，再把混合物放到製冰盒或有蓋的小罐子裡，然後冷凍。結凍之後，可以把蘿勒冰塊收到塑膠冷凍袋裡。製好的冰塊可用於燉品、湯或醬汁，或是把它跟起司和大蒜拌在一起，就是速成的青醬。

用蘿勒做料理

甜蘿勒醃新鮮番茄片

(4人份)

- 3顆成熟的大番茄
- 2湯匙切成小段的新鮮蘿勒
- 3湯匙特級初榨橄欖油
- 2湯匙檸檬汁
- 1/2茶匙糖
- 鹽和現磨胡椒,適量

1. 把番茄切成約0.5公分厚的片狀,放到深底的派盤裡,將切成小段的蘿勒均勻地撒在番茄上。

2. 把橄欖油、檸檬汁、糖、鹽和胡椒放到一個小碗或小罐子裡混勻,將混合好的醬汁淋在番茄和蘿勒上。

3. 以常溫醃製1小時,過程中偶爾舀起醬汁淋到番茄上。直接食用。

青醬義大利麵

(4人份)

- 2湯匙奶油
- 1/2杯青醬 **P059**
- 約455公克乾義大利麵
- 1湯匙橄欖油
- 約1800毫升的水

1.在一只大鍋中倒入1800毫升的水，煮滾。放入油和義大利麵，蓋上鍋
　蓋，再煮滾。輕輕翻攪，然後關火。

2.請將義大利麵靜置於鍋中，悶5到8分鐘。嚐嚐麵的熟度，然後用濾盆
　濾乾水分。

3.加入奶油攪拌。把麵放到熱碗裡或放回鍋裡，舀起青醬，淋在義大利
　麵上，攪拌均勻。趁熱上桌。

焗烤蘿勒馬鈴薯

（4到6人份）

- 1杯冷水
- 1杯牛奶
- 約455公克馬鈴薯，切薄片
- 1片月桂葉
- 1片蒜瓣，去皮
- 4湯匙奶油

- 1杯鮮奶油
- 1杯切成小段的新鮮蘿勒
- 1/2杯磨細的切達起司

1.烤箱預熱到攝氏135度。

2.把水和牛奶倒入一只平底鍋裡，然後加入馬鈴薯片、月桂和蒜瓣。滾
　10分鐘，使馬鈴薯剛好變軟，隨後把水瀝乾。

3.把1湯匙的奶油塗在一個約25公分的烤盤上，接著將馬鈴薯一層層地
　鋪上去。

4.撒上磨碎的起司，倒入鮮奶油，最後點上剩下的奶油。烤45分鐘，或
　直到表面呈現焦黃色。

蘿勒起司吐司

（成品約18到24片吐司）

- 1個法式長條麵包，切成約1.5公分厚的片狀
- 橄欖油
- 1/2杯塞緊的新鮮蘿勒葉
- 8個日曬番茄乾（以油浸軟），每個切成4等份
- 1/4杯現磨的帕瑪森起司

1.烤箱預熱到約攝氏200度。

2.麵包片的兩面都刷上橄欖油，放到烤盤上烤大約6分鐘，直到出現微焦的顏色。

3.在一只小碗中放入蘿勒、番茄和起司，然後拌勻。在每片麵包上抹上拌好的混合物，然後放到烤盤上，放回烤箱裡烤大約5分鐘。

肉桂蘿勒醬

（完成品為4份，1份約235毫升）

- 1又1/2杯肉桂蘿勒葉 P056
- 3又1/2杯糖
- 1袋約85公克的液態果膠
- 2又1/4杯冷水
- 3湯匙檸檬汁

1.把蘿勒切細，和2又1/4杯冷水一起放到平底鍋裡。煮滾後蓋上蓋子，從火源上移開，讓鍋裡的混合物浸泡15分鐘。然後把混合物倒入果凍濾袋或細網眼濾器裡滴乾。應該能夠濾出1又3/4杯的蘿勒「茶」。

2.把蘿勒「茶」、檸檬汁和糖倒入一只大平底鍋裡。以大火煮，不斷翻攪，直到混合物達到完全沸騰狀態（不會因攪拌而平息的沸騰）。滾1分鐘之後，把鍋子從火源上移開。

3.拌入果膠，然後將液態果膠舀到約235毫升大小的無菌罐子裡。把罐子邊緣擦乾淨，用適當的蓋子封好。

4.將罐子倒置30分鐘，使蓋子緊密，然後再翻回來，讓果醬凝固、冷卻即可。

檸檬蘿勒飯

（4人份）

- 2湯匙奶油
- 1/2杯檸檬蘿勒葉 P056
- 1/2顆洋蔥，切成丁
- 1片月桂葉
- 1/2顆甜紅椒，切成丁
- 1湯匙歐芹，切成小段
- 1杯糙米
- 2又1/2杯雞湯或水

1.把奶油放到平底鍋裡，以中火加熱融化。炒洋蔥，直到呈現金黃色。加入紅椒，炒3到5分鐘。

2.加入米，繼續翻炒3到5分鐘。

3.加入檸檬蘿勒、月桂葉和歐芹，拌入雞湯或水。然後蓋上鍋蓋，煮到滾為止。

4.把溫度降低，悶煮約25分鐘，直到湯汁或水被吸收光，且米變軟之後，即可上桌。

檸檬蘿勒淋醬

（完成品為1/2杯）

- 1/8杯檸檬蘿勒葉 **P056**
- 2湯匙蜂蜜
- 1/2顆檸檬汁
- 1/4杯橄欖油
- 1片蒜瓣，剁成末
- 2到4湯匙無糖優格

1. 把蘿勒、檸檬汁、蒜末和蜂蜜放到一只小碗中混勻。用打蛋器一邊攪拌，一邊緩緩倒入橄欖油，然後充分混勻。最後拌入優格。

2. 以盤子盛裝新鮮的葡萄柚、柳橙、奇異果等水果，舀起醬汁淋上去。或者也可用於鬆軟的比布萵苣、酪梨和紅洋蔥薄片。

烤魚佐茴香蘿勒茄醬

（4到6人份）

- 1/4杯茴香蘿勒 **P057**
- 1片蒜瓣，去皮，剁碎
- 4湯匙橄欖油
- 680公克小鱈魚片或鰈魚片
- 1茶匙奧勒岡或甜墨角蘭
- 1杯番茄丁及其汁液
- 1/2顆黃洋蔥，切薄片

1. 烤箱預熱到約攝氏230度。烤盤上塗奶油，把1/8杯茴香蘿勒葉撒在烤盤上當做底層，放上魚片，必要時可以重疊。

2. 把橄欖油倒入長柄平底鍋裡加熱，將洋蔥炒到呈金黃色。加入蒜末、剩下的1/8杯茴香蘿勒、奧勒岡或墨角蘭，翻炒2到3分鐘。拌入番茄丁及其汁液，以小火煮15分鐘。

3. 把醬汁淋到魚片上，用鋁箔紙蓋住烤盤，烤5到8分鐘即可。

百里香
栽培與運用

希臘羅馬神話裡，
維納斯雖在金蘋果之爭贏得了
「最美麗的女神」之封號，
卻因目睹特洛伊戰爭死傷無數，
傷心得流下眼淚，
而這些墜入凡間的淚珠便化作百里香，
時稱「維納斯之淚」。

各種品種的百里香

隨手可得的好味道

　　種在充滿陽光的窗台花壇或盆子裡的百里香能夠長得很好。冬天時我喜歡在窗台上放一盆百里香，如此一來，整個冬天裡每當我需要為醬汁或燉品調味的時候，隨手便能取得它的葉子。不過，百里香很喜愛陽光，如果沒有充足的陽光就會長得不太好。

　　不妨在窗台花壇裡種一些不同品種的烹飪用百里香，嚐嚐它們不同的香味，這種試驗會很有趣。以下列出一些最知名的品種：

庭園百里香 *Thymus vulgaris*

庭園百里香

　　也叫做普通百里香或英國百里香，是灌木般的植物，可以長到大約30公分高，是烹飪中不可或缺的香料。

　　它有淡粉色的花和灰色的葉，而且散發著濃郁的芳香。從它的葉子和花蒸餾出來的百里酚（或麝香草酚），是一種強效的抗菌劑。我喜歡把這個品種的葉子乾燥保存，讓手邊隨時有百里香可以加到菜餚裡。

檸檬百里香 *Thymus x citriodorus*

　　是一種枝葉開展的植物，比庭園百里香小，有深綠色的葉子，它深粉色的花朵會在6月綻放，平滑的葉子帶有好聞的辛香檸檬味。就像

庭園百里香一樣，在烹飪中是很珍貴的一種材料。這種百里香有超過50種變型，但實際上用於烹飪的只有3種。其中一種有金、綠色相間的葉子，另一種在綠色的葉片上有一圈薄薄的白色滾邊。

檸檬百里香的風味比庭園百里香輕淡，但是由於它具有濃郁的柑橘芳香，所以與佳餚相較之下，它更適合用於茶品中。它也能使雞肉、水果沙拉和麵包變得更可口，而且可用來取代磨碎的檸檬皮。庭園百里香和檸檬百里香應於花季結束時修剪，每2年分株1次。

鋪地百里香 *T. serpyllum*；野百里香 *T. praecox subsp. arcticus*

是一種鋪地植物。其中一種品種「紅花百里香」有著紫紅色的花朵。另一種品種「史普蘭汀」有淡粉紫的花，嚐起來具辛辣味。品種「阿芭絲」則是有白色的花，嚐起來有點兒像洋茴香的味道。

這些矮生百里香並不太適合烹飪，但卻是美麗芳香的地被植物。

鋪地百里香

荷巴百里香 *T. herba-barona*

嚐起來像葛縷子，適合用來給蕪菁、胡蘿蔔、甘藍菜等蔬菜調味，或者也能用於麵包。用在野味肉和肉類上，也是很棒的調味料，適合與酒和大蒜一起使用。

荷巴百里香

簇生百里香 *T. caespititius*

具濃郁的柑橘松木味，被當做香料使用。它可以取代檸檬百里香，或與其一起使用進而創造出更強烈的柑橘味。

它從種籽開始栽培，葉子細長，約0.6公分，稍具黏性；有毛茸茸的長莖，從春末一直到夏季會開出粉紅、淡紫或白色的花。

簇生百里香

用百里香美化你的庭園

土壤

只要你不住在沼澤區，百里香就是最好栽培的香草之一，這也許是它成為受歡迎的庭園香草和烹飪香草的理由之一。

種植百里香最適合的地點要像它的原生地地中海區域一樣，陽光充足，氣候乾燥。任何在斜坡上且具貧瘠石質土壤的地點，都很適合百里香，它是在庭園中的不毛之地也能夠生長茂盛的少數植物之一。

在一般的庭園裡，百里香也許需要高架花圃才能夠長得很好。

排水與氣溫

百里香是枝葉開展的多年生常綠植物，可以長到45公分高。它可以被修剪成籬笆，或當成緣飾植物。匍匐的品種很適合做為芳香的地被植物，甚至可以在庭園中足跡罕至的地方取代草坪。

百里香可以安然度過乾旱期，但也許無法熬過極寒的天氣，除非得到遮蔽且環境乾燥。

幾乎所有的百里香都能夠忍受極度的低溫，但是冬季裡排水不良的狀況，很可能會害死它們。如果你住在氣候非常寒冷的地方，冬天時你也許該把百里香植株移到室內。（在台灣反而要注意高溫、高溼的環境，夏季時最好移至陰涼之處，同時加強通風。）

木質化與分株

大部分的百里香都很容易從種籽開始栽培。在春天時播種，保持土壤的溼潤，直到發芽的跡象出現。趁植株還小時疏苗，間距約30公分。需特別留意，有斑點的植株需從扦插條、分枝或有附根的莖中分株出來培育。

百里香很容易木質化，所以每2至3年要分株1次。假如過了若干年，植物生長的葉子開始慢慢變少了，那你可以考慮把它替換掉。

匍匐的品種可能佔據整顆石頭或香草庭園，因此需要修剪，才不會把其他的植物排擠掉。百里香木質化的根有似毛髮的棕色線絲，會在地底下延伸一段距離。

它們的莖在基部是木質的，愈往頂端會變得愈光澤堅韌。它們的葉子很小——約0.6公分長，基部寬而末稍窄。百里香有一點毛茸茸的，這是它們略帶灰色色調的原因。

百里香在5月下旬開花，大約維持1個月的時間。那些花是很小的雙唇形花，成簇地開在枝頭。它們的顏色因品種不同而有差別，從淺紫色到淡紫色、白色或略帶粉紅色。

百里香的採收與保存

採收時機

大部分的香草園丁會選擇在早晨採收，那時候植物裡的精油最濃郁，但是這真的要取決於你想用百里香做什麼。如果你想準備晚餐要用的醬汁，就直接到院子裡去收割吧，不要因為採收的時機不對，就剝奪了你自己享用新鮮香草的權利。

但若是為了貯存，就讓露水在清晨的陽光下曬乾後再採收。採收百里香最好的時機是它的花盛開之時，用蔭乾的方式才能夠保存顏色。每次收成最多取植株的1/3，在收成後一定要澆水和施肥，你才會有第二次的收成。若想得到最佳的風味，要用液態海藻或半強度的液肥為它們施肥。太多肥料會減少植株中的精油，所以別做過頭了。

脫水乾燥法

當我為了做菜而需要處理乾燥香草時，我通常會將它們先洗過。我把採收下來的百里香拿到廚房用微溫的水迅速沖洗，然後把擦盤巾鋪在長桌上，再把百里香放到擦盤巾上晾乾。或者你也可以用蔬果脫水器把大部分的水脫掉。

微波乾燥法

把香草弄乾有很多方法，最快的方法之一是微波。把葉子放到雙層紙巾上，由於百里香的葉子較小，因此以高溫微波只要1至2分鐘即可。每過1分鐘就檢查一次，確定自己在弄乾葉子，而不是烹煮它們。

烤箱乾燥法

如果你沒有微波爐，你可以把百里香放到烤盤上，不要相互重疊，用傳統的烤箱來烘乾它們。把烤箱定在低溫（攝氏37度到51度），然後烤10到15分鐘。別忘了烤箱門要留個縫隙，溼氣才能散出去。如果你需要把葉子切成小片泡茶，或是你比較喜歡用切成小段的百里香來做菜，你可以用桿麵棍碾碎或用咖啡研磨器磨碎它們。

冷凍乾燥法

冷凍是保存百里香另一種迅速又有效率的方法。把剛採收下來的百里香分成小束，鬆散地排列在塑膠袋裡。封好袋口，立刻放到冷凍庫裡。別忘了貼上標籤和寫上日期！如果你的食譜需要用到百里香，先別擔心解凍的問題，你可以在百里香仍結凍時剁碎它們。

收束倒吊法

乾燥香草的古法對百里香也相當有用。採下一束百里香後，請從葉梗的部位捆起來，倒吊於乾燥處。只要空氣溼度不是極大，百里香應該很快就變乾了。當它乾燥之後，記得把葉子從葉梗上剝下來，然後儲存在密封罐裡。

傳統式乾燥架

儲存方式

　　試著保持葉片的完整，才能使精油免於耗損。深色的密封罐是儲存百里香最好的容器，或者你也可以把它儲存在拉鍊袋中，然後放到鐵罐或其他容器裡。

　　別忘了，一定要在每一個容器和袋子上貼標籤，寫上植物的名稱和你封裝的日期。

　　乾燥的百里香不能夠保存超過6至7個月，過了這段期間，它濃郁的風味和芳香便會流失。

用百里香做料理

　　百里香是廚房裡的重要角色，它可用於填料、燉品、湯品、高湯，也可幫味道強烈的蔬菜調味。它與大蒜、葡萄酒和蘑菇搭配使用的效果非常好。

　　下列是使用百里香的一些建議：

● 檸檬百里香用在魚肉和禽類，可使菜餚更美味。

● 荷巴百里香可以抹在烤肉上。

● 柳橙百里香能夠提升雞肉的風味。

● 豆蔻百里香可以加到卡士達醬、麵包和布丁中。

　　一般說來，百里香是被當做菜餚裡的食材來使用，而不是料理結束前一分鐘才加進去的調味料。百里香的花可用來裝飾某些菜餚，開花的百里香枝葉還能夠提升海鮮、義大利麵和蔬菜燉肉的甜味。

湯品

　　真正令人感到療癒的食物——湯，無論在冬天或夏天都很適合。冬天時不妨試著使用乾燥百里香，或是向當地的超市和蔬果商購買新鮮的百里香。

百里香胡蘿蔔湯

（6人份）

　　有來自胡蘿蔔的維生素C和百里香的醫療功效，這種湯讓你用美味抵禦寒冬。

- 230公克胡蘿蔔，磨碎
- 4根蔥，切成細蔥花
- 1400毫升雞湯或蔬菜高湯
- 8枝庭園百里香 P066，或2茶匙乾燥百里香
- 1片蒜瓣，剁碎
- 1湯匙檸檬汁
- 鹽和胡椒，適量

---

1. 把所有的食材放入一只有蓋平底鍋裡悶煮30分鐘。
2. 拿掉百里香枝葉（把掉落的葉子留在鍋裡），然後丟棄。和沙拉及硬麵包一起食用。

主餐

　　在傳統上，人們多是以百里香搭配淺色肉（雞肉、火雞肉和豬肉）食用，不過搭配其他肉類同樣也有讓人驚喜的滋味，所以別害怕嘗試用百里香來搭配你所有的蛋白質食物。以下幾道食譜或許能提供你一些靈感，請盡情享用。

嫩煎豬排佐百里香

（4到6人份）

這是令人垂涎又能飽腹的一道佳餚，而且很簡單。

- 1/2杯中筋麵粉
- 鹽和胡椒，適量
- 8片薄（約1.5公分厚）大里肌排
- 16枝新鮮的百里香，或2茶匙乾燥百里香
- 4湯匙無鹽奶油
- 4湯匙橄欖油

---

1. 把鹽和胡椒和進麵粉裡調味，再把麵粉薄薄地塗在豬排上。

2. 把一半的奶油和橄欖油放到大煎鍋裡，接著嫩煎一半的豬排，每面約5分鐘。

3. 在每片豬排下方放一些百里香，這樣百里香才會貼住豬排。鏟起豬排，然後保溫。

4. 把剩下的奶油和橄欖油倒入大煎鍋裡，用同樣的方法料理其餘的豬排。擺盤，然後出餐。

檸檬百里香燴雞肉

（4人份）

夏季裡的第一株百里香很適合這道美味的菜餚，它讓米飯和沙拉變得很可口。在露台或陽台上食用，更是別具風情。

- 2湯匙檸檬汁
- 2湯匙橄欖油
- 1片蒜瓣，切成末
- 2湯匙奶油
- 4隻雞腿
- 鹽和胡椒，適量

- 整片雞胸肉2片，對半切成4片
- 1茶匙乾燥檸檬百里香 P066 ，或1湯匙切成小段的新鮮檸檬百里香

1.把檸檬汁、橄欖油、奶油、切成小段的百里香、蒜末、鹽和胡椒放到
　一只小平底鍋裡。以小火攪拌，直到奶油融化。

2.把雞肉放到有烤架的烤肉盤上，每面都刷上剛剛做好的檸檬奶油醬。

3.帶皮面朝上，烤到全熟（時間視肉的厚度而定）。

4.用新鮮的百里香枝葉做裝飾。

副餐

　　馬鈴薯等根類蔬菜與百里香特別合得來。我最喜歡的食譜之一，就是收割任何我手邊有的根莖類蔬菜（馬鈴薯、南瓜、甘薯、洋蔥），只要撒上橄欖油和乾燥百里香，然後烤到蔬菜變軟，就能獲得施了魔法般的美妙口感。很好吃哦！

百里香烤馬鈴薯
（4人份）

　　這些風味混合在一起，就成了一道暖暖的鄉村菜餚。很適合在下雪的冬夜，坐在火爐旁邊享受這道菜。記住，只能用結實、沒有褐色斑塊的馬鈴薯。

　　還有，不要把馬鈴薯放到冰箱裡，否則它的澱粉會轉變成糖，使它們嚐起來有股怪怪的甜味。

- 1湯匙水
- 8枝百里香
- 2顆大蒜，剝成小瓣，去皮
- 約680公克的馬鈴薯（「黃芬」〔yellow finn〕馬鈴薯就很好用）
- 2湯匙橄欖油
- 鹽和胡椒，適量

1. 烤箱預熱到約攝氏200度。好好擦洗馬鈴薯，然後擺到淺烤盤裡，只放一層。

2. 把這些馬鈴薯、橄欖油、蒜瓣、百里香和水一起晃勻。加入適量的鹽和胡椒。

3. 用鋁箔紙緊緊蓋住烤盤，然後烤40分鐘。用刀子戳，試試看熟了沒，此時馬鈴薯應該很容易穿透。烤好之後，把馬鈴薯從烤箱裡取出來，掀開鋁箔紙讓熱氣散掉一些。

CHAPTER

4

栽培與運用

猶太人在逾越節時會食用芫荽，
以紀念當初在摩西的領導下，
成功離開埃及的那段旅程，
而芫荽在此象徵著萬物生長的希望。

種植與栽培

就跟所有的香草一樣，芫荽葉在最新鮮的時候風味最好，而新鮮芫荽葉的最佳來源，就是你的後院。

選擇種籽或植株

栽培芫荽葉的最佳方法是什麼──是從種籽開始種植，還是買現成的植株來使用？

唔，植株是買得到的，透過郵購和園藝商店（有時候甚至連超市也找得到），但是我真的不懂為什麼要買植株。因為當你拿到植株的時候，它的生命也差不多要結束了！所以還是從種籽開始吧（是的，即使是放在香料廚櫃裡的乾芫荽種籽，也可能發芽、長出健康的芫荽）。

但是假如你真的急著要用芫荽葉做菜，你還是可以買點捆成束或裝在塑膠袋裡的芫荽枝葉，這在大部分的超市都買得到。而且你往往會發現，超市裡的芫荽依然還連著根，這是應該優先選購的種類。首先，根能使香草保存得久一點，但是還不只這樣。芫荽的根不僅可以食用，而且也受到高度推崇──至少得到泰國人的讚賞！

所以就從種籽開始栽培吧。芫荽的種籽發芽得很快，你所得到的報酬會讓你覺得一切的努力都是值得的。

栽培芫荽的基本訣竅

在排水良好的輕質土裡播種，深度大約是0.5到1公分。發芽大概需要14到16天的時間，在發芽前要保持溼度的一致性。

相信我，傳統知識（以及大部分的種籽包裝上的說明）總是喜歡告訴你，植株應該間隔約45公分的距離。我覺得這讓我好像回到了從前的時代，當時這個國家還不太懂得使用芫荽葉，栽培這種植物的目的幾乎都是為了它的種籽。

我給你的建議是，播種芫荽籽的時候，間距要比45公分小很多——我不會讓它們的間距多於5公分。

因為在疏苗時，你或許會希望能夠使用那些被移除的幼株。具體作法是，一開始每隔4株即可移除1株幼株，接著是每隔3株，然後是每隔2株。如果你想要的話，你可以讓剩下的植株長到它們的成熟高度，也就是60至90公分，然後採收芫荽種籽。不過，若是你想用它的根，最好的採收時機是在植株結種籽前。

做出決定

你必須想好你種芫荽是為了它的種籽，還是為了它的葉子。或是更好的——兩者都要。

因為芫荽抽薹（長出薹和種籽）的速度非常快，所以栽培它來結種籽是很簡單的事。只要在陽光充足的夏天種下它，保持環境的乾燥，不要施肥（假如要施肥，也不要太多），你很快就能採收種籽了。

另一方面，為了能夠從植株上盡可能地採收最大量的綠葉，可以試試另一種方法：在春天或秋天時將芫荽種在部分遮蔭的地點，維持適量的澆水和施肥。

水溶性的肥料，像是海藻（氮、磷、鉀含量為4-4-4的有機海藻肥料）或Miracle-Gro（台灣商品名為「奧綠肥」）的品牌，都很適合芫

葽。氮（肥料配方中的第一個數字）能夠促進葉子的茂密生長，所以要確定你肥料中的氮至少要像磷和鉀一樣多（分別是第二個和第三個數字）。如果你選擇的芫荽是栽培商宣稱抽薹較慢的品種，這也有幫助。

當然，就跟任何一種1年生香草一樣，當花梗（在這裡指的是長著像茴香葉的粗梗）出現時就摘掉，這有助於減緩抽薹。

對任何1年生的植物來說，它這一生只有一個目的，那就是讓自己的後代繁衍下去。如果你讓它結種籽，它會認為自己的工作已經完成，便會沒有任何眷戀地走了，但如果你阻撓它，不讓它結種籽，它就會繼續生長。

如果你的目標是有綠葉也有種籽，那麼我建議你在開始時先使用適合長綠葉的情況，然後再讓一些植株結種籽——它們理所當然會的！

植株大約在播種後的45天結種籽，在採收時要嗅一嗅，確定它們是否完全成熟。如果它們已經熟成，會呈現褐色，而且聞起來有可口的辛香味。

為了維持芫荽葉的穩定供應，試試每2、3週就種一批新的種籽。這樣一來，你就會一直有新長出的嫩葉可以採收，而且就算你一時疏於照料，也不致於讓所有的植株統統結了種籽。

在容器裡、室內或戶外栽培

由於芫荽是不耐寒的1年生植物，所以在美國大部分的地方，你不可能要求它一年到頭都很美味（一旦你習慣了它的風味之後），除非你在冬天時把它種在室內。

幸好，這麼做並不難。

如果你想的話，可以使用花盆，但同時也要想想是不是可以用一些更具裝飾性的東西。譬如說鍋子或湯碗，或是比較小的沙拉碗。還有圓環蛋糕烤模，或是一組咖啡杯或馬克杯！

使用任何標準的培養土，都請在底部再加上一層碎石或花盆碎片，以利排水。就像種在地面上一樣，以約0.5到1公分厚的土壤覆蓋種籽。在14到16天的期間內要保持一致的土壤溼度，直到發芽。

用容器栽培時，你可以試試芫荽會喜歡的小花樣——保持黑暗，直到出現發芽的跡象。這個方式只要用報紙或鋁箔紙輕輕蓋住容器就可以了。

在發芽之後，別擔心小苗需要多少光線的問題，畢竟你想要它們晚點兒成熟，不是嗎？我個人認為，餐桌的中央正是擺放一盆可愛的芫荽盆栽的好地方。

芫荽也可以種成戶外盆栽，特別是在春天和秋天（它喜歡涼爽的天氣）。除了種在室內的容器之外，也別忘了試試將芫荽栽種於戶外的各種大小的窗台花壇和盆子裡。

而且要記得，芫荽的生命很短暫（至少對於綠葉的生長期來說），所以你應該要每2至3週就重新種一次。

如何挑選和保持其新鮮度

用味蕾來辨別

假設你手邊沒有任何新鮮的芫荽葉，你要怎麼做呢？對於大部分

的人來說很簡單——只要到當地超市的生鮮
產品區找幾束或幾包芫荽就可以了。如果你
夠幸運，住家附近就有果菜市場，那更好！

不過，芫荽葉跟平葉歐芹（或義大利歐
芹）十分相像，除非你非常有經驗，否則你
可能會弄混淆了。

然而，那種相似度僅限於外觀——它們的風味是截然不同的。所
以，假如產品上沒有標示，或標示不清，那就撕下一片葉子嚐嚐看（或
是取得允許再做，如果你覺得應當如此的話）。

即使你以前從未嚐過芫荽葉的味道，當你把它放進嘴裡的那一刻
也會曉得，那不是歐芹！

延長保鮮期

芫荽葉要選擇鮮綠色、清脆和看起來新鮮、沒有任何黃色或褐色
的，而且當然不能有任何看似黏泥的汙漬。

當你把芫荽葉買回家後（或是當你採下自家栽培的芫荽葉之
後），有幾種方法可以延長葉子的新鮮度：

● 你可以把芫荽葉放進密封罐裡再放到冰箱——也可以使用塑膠夾
  鍊袋（這種方法看起來最好）。

● 你可以把它當成一小束花，輕輕包起來放到冰箱，或插在水裡放
  到窗台上。

● 你可以用沾溼的紙巾把芫荽包起來，放進塑膠袋裡，再放到冰箱
  裡保存。

芫荽葉的保存方法

芫荽葉要趁新鮮時享用

大部分的香草乾燥之後仍然很漂亮，把它們倒吊風乾或微波烘乾的結果都很好，風味依然濃郁、真實。

但芫荽葉可不是這樣——當它變乾燥之後，風味就消失了。知名的香料公司的確有賣乾燥芫荽，但是我懷疑會有人回購嗎？

把芫荽葉冷凍起來也不可行，所以你還剩什麼選擇？實在不多！

芫荽醬

你能採用的方法之一是做芫荽醬。把無鹽奶油軟化，然後和切成小段的芫荽葉及檸檬汁拌在一起，比例是：4份奶油、2份芫荽、1/2份檸檬汁。完成品很適合冷凍，而且只要你有需要，無論何時都能享受芫荽葉的風味。

芫荽油

或者你也可以做成芫荽油。把芫荽葉放到一個螺旋口玻璃瓶裡，以2倍量的沙拉油覆蓋住，放到窗台上靜置3週。然後濾掉芫荽葉，加鹽調味，再放到冰箱裡保存。

芫荽醋

另一種可行的方法是做成芫荽醋。由於具有芳醇的特質，白酒醋也許是最好的選擇。香檳醋也可以——而且並不像表面上聽起來那麼

貴。只要在螺旋口玻璃瓶裡放一些新鮮的芫
荽葉，以醋覆蓋住，扭上蓋子，把瓶子放到
暗黑的地方。芫荽葉會枯萎，也會褪色，但
是它的一些風味會被保留下來。即使只經過
一天的時間，醋嚐起來也會有濃濃的芫荽
味，令人回味無窮。

芫荽籽需磨碎使用

芫荽籽（和需要一段時間去適應的芫荽葉不同）看來是一種人人
喜愛的香料，它很溫和，似乎帶點甜味，而且還有一絲絲柑橘香。

種籽（應該是褐色的，聞起來很香）採收下來後，把它們放到密
封容器裡，直到你想使用或該磨碎之時。

最好的研磨方法是使用電動磨豆機——如果你剛好有一台的話，
但老式的杵和研缽效果也很好。

順道一提，我將咖啡磨豆機的使用規則讀了一遍又一遍，它說如
果你曾用磨豆機研磨過香料，就不應該再把機器拿來研磨咖啡豆。胡說
八道！研磨機的刀刃是不鏽鋼材質，因此非常容易清洗，即使不是不鏽
鋼材質，咖啡裡摻點香料味又何妨？

由於這一段是關於芫荽葉的，所以我不會給你一堆使用芫荽籽的
食譜。我也覺得很可惜，因為它是一種非常棒的香料，我只能給你幾點
關於它的使用建議：

● 在烤雞之前，把磨碎的芫荽籽加上新鮮薑末和奶油混勻，然後把
　混合物填到雞皮之下。

- 把磨碎的芫荽籽和等量的黑胡椒、等量的乾薑及一點鹽巴混合均勻，揉進豬里肌裡，靜置15分鐘；用一點油快速煎到焦黃，再以約攝氏200度烤20分鐘，翻面1至2次。
- 與青蔥蔥花混勻，煮豌豆時可以用來調味。
- 和一點兒橙皮一起加到胡蘿蔔裡。
- 或是把它加到填料裡；炒蛋前先拌入蛋液裡；加到薑汁麵包或香料餅乾的香料裡……

用芫荽葉做料理

在開始之前還是要給你一點兒警語：慢慢來。在任何菜餚裡先只用一點點芫荽，直到你習慣為止。到時你想用多少就用多少——你會想要很多的！

不過我必須告訴你，在這方面其實還有另一派想法，而這在烹調芫荽葉的時候（如89頁的泰式牛肉芫荽沙拉）就會用上了。只有在這種情況下，我們會大量使用到這種可愛的香草——那就是透過烹調使其風味變淡，讓還沒嚐試過的人更容易接受它。

佐料、開胃菜和點心

大部分的美國人都吃過含有芫荽的沙拉——這也許是他們對芫荽僅有的經驗。這種香草的獨特風味，為所有類型的其他佐料增添了不少趣味。

芫荽和椰子沾醬

這種沾醬是讓所有咖哩菜餚變得既獨到又出色的絕佳夥伴（它也能使粗茶淡飯更生色）。

追求純粹的人會告訴你，只能使用無加糖的椰子乾，那在亞洲雜貨店或大部分的保健食品商店都可能買得到。但就我而言，加糖的椰子肉嚐起來也很好。

- 1杯椰子乾
- 3湯匙水
- 25到30枝（帶葉的）芫荽
- 1湯匙檸檬汁
- 1根哈拉皮紐辣椒（jalapeno chile），去籽，切成小塊

1. 把芫荽、辣椒、水和檸檬汁一起放入食物處理器或攪拌器裡攪拌，直到打成泥。拌入椰子乾，讓混合物結塊。
2. 冷卻，蓋起來，等待出餐。

芫荽起司抹醬

（8人份以上）

這跟伯森乾酪（boursin）或許多大蒜和香草起司是同一類的東西，很適合抹在生菜或脆餅上，芫荽令它風味獨到。

- 225公克奶油乳酪
- 2湯匙白酒

- 3湯匙切碎的芫荽葉
- 1/2茶匙現磨黑胡椒
- 1/2茶匙（或適量）剁碎或拍碎的大蒜

1. 在一只小碗裡將所有食材混勻搗碎。蓋起來，冷藏，直到需要使用。

2. 搭配脆餅或生菜食用。涼薯（又稱豆薯）片搭配這種抹醬特別好吃。

芫荽酪梨醬

　　喜愛芫荽且認為酪梨醬是這個時代或任何其他時代最偉大的發明的人，一定會為這個組合發狂。就此而言，芫荽酪梨醬也許是向某些人介紹芫荽的好方法（還記得有些人往往需要時間和經驗才能懂得欣賞這種香草的風味嗎？所以在這裡要減掉用量的一半）。

- 鹽，適量
- 1顆萊姆汁
- 1顆中型番茄，切成小丁
- 1/4杯（或再多些）切成小段的芫荽葉
- 1根哈拉皮紐辣椒、安納罕辣椒（amaheim）或新墨西哥辣椒，去籽，剁碎
- 1顆成熟的大酪梨
- 1/4杯剁碎的白洋蔥

1. 從長邊繞切酪梨，扭轉兩半的果肉將它們分開。去除中間的硬核。將半顆酪梨倒著拿，把果肉擠到碗裡，另外半顆作法相同（或者假如你比較喜歡用削皮的方式，就削去酪梨皮）。

2. 把果肉切成大塊（如果你比較喜歡較柔滑的酪梨醬，就用叉子搗碎），然後加入其他食材，混合拌勻。

3.馬上出餐，或是額外淋點萊姆汁，然後拿玻璃紙貼緊表面包好，就可以在冰箱裡保存幾小時（你也許聽過，維持酪梨醬良好狀態的最佳方法是把酪梨籽埋在裡面。我只能說：有可能！不過以上我提供的方法真的有效）。

湯品與沙拉

這種香氣濃郁的香草，烹調會令它的味道芳醇，而它亮麗的色彩和出色的風味，令沙拉趣味橫生。

芫荽咖哩雞沙拉
（4人份）

這是我的老朋友瑪格莉特・海斯做過的一道菜，就是這道菜讓我了解到芫荽能夠多麼的美味。

它所使用的芫荽量非常少，但如果你和你的朋友已經愛上這種風味強烈的香草，可以考慮多用些。

不得不說，這道沙拉很適合做為初嚐芫荽的入門品項。

- 萵苣葉
- 1杯美乃滋
- 4杯煮過、剁成塊的雞肉
- 一點鹽和現磨胡椒（如果想要的話）
- 1/4杯切成小片的芫荽葉（或者更多）
- 2茶匙咖哩粉（如果你想要濃郁的咖哩味，就多加一些）
- 2湯匙青蔥蔥花
- 1/4杯切碎的芹菜

1.除了萵苣，把所有的食材依序放入一只中型碗裡混勻。

2.放到萵苣葉上出餐。

泰式牛肉芫荽沙拉

（4到6人份）

　　泰國人習慣使用許多芫荽，通常會結合一些其他傳統香料。這道沙拉是芫荽主題裡一個很好的示範，也是一道不錯的碟餐。大量微煮的芫荽和鮮薑的組合，產生的是令人意想不到的暖和與奶油般的口感。

　　你可以在所有的亞洲市場和超市找到亞洲魚露。若你找不到，可以用伍斯特醬來取代，它含有高比例的鯷魚，可提供相同的效果。

淋醬
- 1/4杯米酒醋
- 2湯匙花生油
- 1茶匙糖
- 2茶匙亞洲魚露
- 1根聖納羅辣椒（serrano chile），去籽，切碎

沙拉
- 455公克很瘦的牛絞肉（例如肩胛部位）
- 1茶匙剁碎或拍碎的大蒜
- 1/4杯剁碎或磨碎的鮮薑
- 1/2杯切成小片的芫荽葉
- 1顆波士頓或比布萵苣
- 1/4杯蘿蔔，切成小火柴狀
- 1顆甜青椒，去籽，切成細條狀

1.把做淋醬的所有食材放入一只大碗裡混勻，然後暫時放到一旁。

2.把剁碎的牛肉和蒜末一起放到大平底鍋裡，以中高火煎到焦黃。待牛肉呈焦黃色時，加入薑和芫荽，再烹調3到4分鐘，接著放到一旁。

3.準備出餐時，拿一只沙拉碗或4個大盤子，鋪上萵苣葉。先蓋上牛肉，再倒上淋醬，最後才放上蘿蔔和青椒條。

副餐

當你將芫荽葉和蔬菜混合在一起時，會產生意外的新滋味。

飄香飯

（4到6人份）

這種飯很有自己的風格，最適合搭配水煮雞肉、肋骨肉、肉排或漢堡。可以用任何米來做，例如長形米或糙米（需調整水量及煮飯時間）。或者本身就具有香味的米，例如巴斯馬提米、茉莉香米。再不然可以用「新的」米來試試看，像是德克斯馬提米（texmati）或野胡桃米（wild pecan，它不是野米，也不含有胡桃）。

- 2湯匙奶油
- 1/4杯切過的芫荽
- 2湯匙橄欖油
- 1/4杯葡萄乾或醋粟乾
- 1/2杯洋蔥
- 2湯匙檸檬汁

- 1茶匙蒜末
- 2又1/2杯雞湯或水
- 1又1/2杯米（見上文）
- 鹽和現磨黑胡椒，適量
- 1湯匙鮮薑末

1.把奶油和橄欖油放到一只中型平底鍋裡，以中火加熱。加入洋蔥和蒜末，煮到洋蔥有點兒變軟。

2.加入米、薑、芫荽、葡萄乾或醋粟乾。煮3分鐘，一邊攪拌，一邊拌入檸檬汁、雞湯或水。煮到滾，轉小火，蓋上鍋蓋，悶煮約18分鐘或直到米變成飯。用鹽和黑胡椒調味。

3.這道菜可以直接出餐，之後若以文火重新加熱，記得要一直攪拌。

雞肉卡利普索（calypso）

（4人份，適合放在飯上出餐）

這個來自加勒比海的創作是一道你從未遇過的多汁雞肉菜餚。倘若你沒有任何芫荽，那就別花力氣去做這道菜了——結果會不一樣。

然而，如果你沒有大蕉，你還是可以用兩根結實的香蕉來取代。

- 2湯匙橄欖油
- 1/3杯切過的芫荽
- 3/4茶匙研磨孜然
- 3杯番茄丁（可以用罐頭）
- 約6公斤雞肉，切成4等份
- 1/4茶匙辣醬（或更多，視個人喜好）
- 1根成熟（黑皮）大蕉，切成約2公分厚的片狀（或2根結實的香蕉）

- 3/4杯雞湯
- 1杯洋蔥丁
- 1茶匙蒜末

1.把雞肉和橄欖油放到一只大平底鍋裡，把雞肉煎至焦黃色後取出。將洋蔥、蒜末、大蕉片放到鍋裡煮，經常攪拌，直到稍微呈焦黃色。

2.加入其餘的食材，煮5分鐘。然後加入雞肉片，轉小火，蓋上鍋蓋，悶煮30分鐘。

泰式炸雞

就我所知，泰國人是唯一會在烹飪中使用芫荽根的人。試試看！你會發現這種驚奇植物的另一面——也是非常好的一道菜餚。

要研磨這麼多黑胡椒會花掉你許多時間，但別因為偷懶而使用已經磨好的那種。一個比較簡單的方法是，使用電動磨豆機。如果你想繼續輕鬆下去，也可以用小型的食物處理器來研磨芫荽根、鮮薑和大蒜，最後再加入黑胡椒。

- 20根芫荽根
- 8隻小的雞腿
- 3湯匙現碾黑胡椒
- 10個大瓣的大蒜
- 3杯油，炸物用
- 1根鮮薑

1. 碾磨芫荽根、大蒜和鮮薑，做成糊，加入研磨的黑胡椒（最簡單的方法請見上文）。把做好的糊揉在整隻雞腿上，然後放到冰箱裡至少靜置1小時，味道才能滲入肉裡。

2. 把油倒入深平底鍋裡加熱，或加熱到攝氏190度，將雞腿炸至金黃色（拿一把小刀戳進一塊肉裡，確認是否從裡到外全熟透了）。

栽培與運用

希臘羅馬神話裡，
據說為了治療邱比特的箭傷，
維納斯創造出奧勒岡；
因其經常被撒在披薩上，
因此又被稱為「披薩草」。

種植與栽培

挑選土壤

首先，請忽略一般人所相信的：香草在貧瘠的土壤中長得最好。那就像在說，人在糟糕的氣候裡活得最好一樣！它們確實能活下去，但是它們在氣候好的地方會活得更好。

雖然奧勒岡在各種地質裡（從黏質土到潮溼的沙地）都能夠生長，而且在野外也出沒於相當貧瘠的地方，但是人工栽培的奧勒岡在pH值中性到弱鹼性（pH值約7.3左右）的輕質壤土裡長得最好。

若遇到偏酸性的土壤，灑點木灰或含鎂石灰是個好方法。如果土壤太黏，就加些沙子或珍珠岩，因為奧勒岡需要良好的排水環境。

基材

要在全日照的地方種植奧勒岡，但它也可以忍受一些遮蔭。種在容器裡時，要使用標準、包裝好的培養土，最好是不含肥料的。泥炭苔幾乎是所有培養土的基材，加一點含鎂石灰或一把木灰就可以反轉泥炭苔的酸性。假如培養土看來黏質較重，就在每個15公分的盆子裡加一把沙子或珍珠岩，以保障良好的排水環境。畢竟，在又溼又冷的培養土裡，奧勒岡並不願意伸展它們的根——它們會賭氣，然後腐爛。

你可以從種籽開始栽培奧勒岡、從商店目錄上訂購植株，或是向

育苗商購買植株。從種籽開始栽培所產生的結果是最不可靠的，因為奧勒岡不一定會順利生長，但你可以享受到種植過程的樂趣——而且你會得到許多植株，至少其中有些是你想要的，或是後來變成你想要的，就是那麼有趣。

從種籽開始栽培

你可以把奧勒岡直接播種在它們要生長的戶外地點，或是在春末時開始將它們移植到室內。

● 戶外栽培

奧勒岡的種籽很細小，所以準備戶外的苗圃時要額外用些沙子，並且把土耙鬆。

對於戶外播種的最好時機，栽培者各有不同的看法。理想的發芽溫度大約是攝氏21度，這表示如果你在播種前先等土地徹底溫暖起來，就會看到最迅速的發芽過程。有些栽培者會在溫度穩定在攝氏10度左右之後的任何時間播種，也能成功發芽。把種籽薄薄地撒下，然後用鋤頭的背面輕輕地填入土裡，但不要用土覆蓋——奧勒岡種籽在有光線的情況下比較容易發芽。

● 室內栽培

在室內的話，從種籽開始栽培奧勒岡，你有許多選擇。以前的方式是用溼泥炭蘚填滿育苗盤，從上頭撒下種籽，用玻璃蓋住育苗盤，然後放到一個溫暖的地方。

市面上有好幾種育苗方法能夠幫助我們很成功地讓室內的種籽發芽。任何一種育苗系統都可以架設在育苗加熱墊上，從底部微微加溫，以加速發芽。你也可以用雜貨店裡賣的塑膠托盤和保麗龍托盤來達到很好的效果，只要在托盤底部打幾個用來排水的洞，填入溼潤的輕質培養土，從上頭撒下種籽，然後用透明的塑膠紙輕輕蓋上——由土表產生的大約像冰箱或電視機的溫度，剛好可以取代育苗加熱墊。

不管你用什麼方法育苗，當嫩芽冒出來時都要逐漸拿開塑膠罩，以免幼苗腐爛。

當天氣變溫暖、泥土完全暖和起來後，幼苗就可以移植到戶外，因此一旦幼苗長出了至少2片葉子（愈多愈好），就應該接受移植前為期1週的「耐寒訓練」。

選擇一個比它們播種時還要冷的地點，但要避免像冬天時戶外那麼冷。那個地方應該要有充足的光線，但不要直接曬到太陽。走廊或靠著屋子的遮蔽點都很好。

假如夜晚很冷，一定要保護幼苗。逐步地將幼苗移到保護比較少的地方，而且每天放置的時間都要比前一天多幾小時。

從植株開始栽培

如果你向育苗商購買奧勒岡植株，不要光看標籤，還要從植物的外觀、香氣和風味來判斷品質。

有些育苗商所販售的奧勒岡植株幾乎是沒有味道的。所以，假如你打算種它們來做菜，購買之前一定要先厚著臉皮摘片葉子來嚐嚐。

想清楚知道你買的奧勒岡品質的最好方法，就是向可靠的香草農

場或育苗商購買，那些地方會認真看待標示，在那些地方工作的人對於每個品種的生長習性也非常熟悉，能夠給予你良好的建議。

你也許很驚訝，奧勒岡竟有那麼多品種——至少有十幾種耐寒和幾種不耐寒的，包括同屬牛至屬的巖愛草（dittany），它在冬天需要受到保護。

撇開耐寒與不耐寒的差異，每種奧勒岡所需要的生長條件都一樣——陽光和鬆散、排水良好的土壤，再加上中性到弱鹼性的pH值。

品種

人們最常栽培的耐寒奧勒岡是*Origanum vulgare*，有好幾種品種，包括深色奧勒岡（*Origanum vulgare var.*）、密葉奧勒岡（*Origanum vulgare* 'Compactum Nanum'）和黃金匍匐奧勒岡（*Origanum vulgare* 'Aureum'）。

深色奧勒岡筆直地向上生長至60公分高，有著1.3公分長的深綠色葉子，以及飽滿、幾乎是辛辣的味道。

密葉奧勒岡也有濃郁的美好風味，但是只能長到5至7公分高，不過它蔓延得非常迅速，是一種很好的地被植物，也很適合岩石庭園。由於它低矮的生長習性，所以冬季時也很適合種在室內窗台上的花盆裡。

黃金匍匐奧勒岡可以長到15公分高，特別適合岩石庭園，它金黃色的葉子和蔓延生長的習性，令整個花圃看起來燦如陽光。

不得不說，這種植物不僅具有高度裝飾性，它的風味亦比深色奧勒岡更加柔和。

做為戶外的裝飾，在約60公分高的壯碩植株上開著深紫色花朵，

又有深綠色的葉子做陪襯，「海恩豪森」奧勒岡（*Origanum laevigatum* 'Herrenhausen'）本身就是令人賞心悅目的景緻。

「赫普雷」奧勒岡（*Origanum laevigatum* 'Hopleys'）大約可以長到45公分高，整個夏季都開著搶眼的深紫色花朵。它很適合較冷的氣候，英格蘭人栽培這種植物就是因為它耐寒；它的花很容易乾燥。

另一種很耐寒的品種是「奇爾吉斯坦」（*Origanum tytthanthum* 'Khirgizstan'），它大約可以長到45公分高，成熟後不僅枝葉茂密，綠葉簇生，還開著鮮豔的粉紅色花朵，令人驚嘆不已；另外，這個品種的風味也很好。

「芭芭拉丁蕾」（*Origanum x* 'Barbara Tingley'）的葉片質地柔軟，它的淺紫色花朵從枝頭上惹人注目的下垂苞片中冒出來，許多人栽培它就是為了它的花朵，儘管它的葉子別具特色地有類似樹脂的味道。

種植「美花」奧勒岡（*Origanum pulchellum*）的人是為了它蔓生的銀灰色葉子，也為了它瀑布似的粉紅色花朵。

「肯特」奧勒岡（*Origanum* 'Kent'）是一種蔓生的香草，橢圓形的葉片上有著銀色的葉脈。它淡紫色的花朵很像啤酒花，很容易乾燥，故適合用於持久的香草束。

巖愛草 *Origanum Dictamnus*

這種不耐寒的奧勒岡（巖愛草）比耐寒的品種稍微難栽培，但是非常漂亮，尤其是放在籃子裡的時候，你會發覺你的心血值得了。

這種植物可以長到15至25公分高，在冬天需要保暖，而且對水很挑剔。它們所生長的土壤，在下次澆水前應該要幾乎乾透，但不能完成

乾透。如果你發現盆子裡的土乾到縮小了，並在盆子和土壤之間產生縫隙，你就知道盆子裡的巖愛草活不下去了。

另外，這個類別裡最茁壯的希臘巖愛草可以長到30公分高。它橢圓形的葉片是毛茸茸的銀白色，花朵是粉紅色，當栽培成功之後，這種植物可是非常引人注目的。

只不過，這並不是很好栽培的植物。從前湯普森和摩根供應客人希臘巖愛草的插枝，以用來栽培室內盆栽，卻由於繁殖困難而供不應求。即便客戶收到生根的插枝，許多人仍無法維持植物的生長。

最難栽培的，莫過於一種學名叫做*Origanum dictamnus x microphyllum*的巖愛草，它是長著迷你葉子的縮小版本，模樣就像一叢小灌木。

在希臘，野生的巖愛草生長在石灰岩牆壁的裂縫裡。但在寒冷的氣候中，巖愛草只能以室內盆栽的形式存活，到了夏季才能享受戶外的假期。

照料

如果你在夏天大量地修剪1至2次，那麼所有的奧勒岡都會更好看。若你栽培奧勒岡是為了烹飪和乾燥的話，便要在開花前把植株修剪到基部。

若你種的是觀賞用的奧勒岡，打算拿來做乾燥花的擺設，那就要在它們開滿花之前從花梗上剪下來。

當你栽培奧勒岡是為了它的裝飾價值，那麼不管在室內或戶外，你都會因為想欣賞它的花朵而捨不得動手修剪，直到花兒開始凋謝。

奧勒岡的保存方法

當你需要保存奧勒岡幾天時，可以從靠近地面的地方剪下植株的莖，記得不要清洗，把它放到可重新密封的袋子裡，並在封起袋口之前盡量把空氣擠出來。

封裝後放到冰箱裡的奧勒岡，可以維持的時間基本上跟萵苣差不多久。

風乾

若想較長久的貯存，一個保存大部分香草且歷久不衰的方法是風乾。這很簡單，只要從莖的部位剪下來，把它們綁成一束一束的，然後倒吊在一個乾燥、黑暗的地方，或是放在紙袋裡1至2週，直到葉子呈現一揉便掉下來的程度。

一個更快的方法是把剪下來的枝葉放到烤盤上，然後放在微溫的烤箱裡半天。你也可以按照同樣的步驟使用乾燥機，並且依照製造商的使用說明設定時間和溫度。

這些方法都可以得到非常好的結果——風味一定比你常買的市售乾燥奧勒岡更好，畢竟市售的版本嚐起來簡直像鉛筆木屑。

鹽醃

若想得到最完整的風味，可以試試用鹽醃奧勒岡。這種方法是瑪莉・安・艾斯波斯托（Mary Ann Esposito）在她的烹飪書《嗨！義大利》裡提到的，乾燥後的香草味道和香氣依然飽滿，幾乎跟新鮮的沒兩

樣。艾斯波斯托說，那是古埃及人、希臘人和羅馬人用來保存各種香草的方法。

艾斯波斯托使用的是粗海鹽和無菌玻璃罐，我使用的是比較便宜的猶太鹽和餅乾罐，有用洗碗機消毒過但不是無菌，不過也成功了。

在早晨的時候採收奧勒岡，用水清洗，去除所有的砂礫，然後用茶巾輕輕擦拭。把香草鋪在餐桌或長桌上，晾半個小時，讓所有剩餘的溼氣統統消散掉。

在容器底部鋪上一層大約2.5公分厚的鹽，從奧勒岡的主莖上摘下枝葉，輕輕放到鹽層上，但不要用力壓。再鋪上一層大約1.5公分厚的鹽，然後再放上一些奧勒岡枝葉。

以這個方式層層往上鋪，直到鹽和容器頂端的距離剩下大約2.5公分的空間，最後一層必須是鹽。蓋上蓋子，把容器放到冰箱或陰涼的地方。奧勒岡大約在1週後變乾燥，幾乎可以永久保存。

使用時，把奧勒岡的枝葉從鹽裡取出來，你會發現幾乎沒有鹽附著在葉片上。你可以把葉片拿去沖洗，或是就這麼使用。

冷凍

把奧勒岡放在番茄汁裡冷凍，對義大利麵和披薩醬來說具有很好的調味效果。把大約1滿湯匙的新鮮奧勒岡葉放到製冰盒的一個個穴格裡，在穴格裡注滿番茄汁，然後冷凍起來。等到冰塊結凍了，再把它們從製冰盒裡取出來，然後封裝到塑膠冷凍袋裡。

你可以用水取代番茄汁，但是在為醬汁調味的時候要避免把水傾倒在醬汁上。

用奧勒岡做料理

適合搭配的食材

　　二次大戰期間，在義大利發現披薩和義大利紅醬的美國士兵同時也發現了奧勒岡，有趣的是──他們也許還沒意識到──當他們在家鄉吃著以墨角蘭調味的填料禽肉時，也正享受著相似的風味。

　　不過在填料裡，墨角蘭還和著百里香與鼠尾草。由於鼠尾草的風味會蓋過其他味道，所以墨角蘭的味道並不容易被分辨出來。是番茄醬和奧勒岡結合在一起的味道，讓牛至屬的風味引起美國人的注意。

　　就跟墨角蘭一樣，奧勒岡與其他香草結合在一起的味道很好，如果只限於用在以番茄做基底的義大利菜就太可惜了。奧勒岡葉很適合搭配奶油醬、蛋和起司，特別是新鮮使用的時候。

新鮮與乾燥各有所長

　　當你使用乾燥而非新鮮的奧勒岡之時，只需用一半的量。如果你在室內種一盆奧勒岡盆栽，就能將其用於真正講究使用新鮮奧勒岡葉的食譜上。還有，你可以將乾燥奧勒岡用在不那麼講究新鮮風味的湯和醬汁裡。

　　乾燥奧勒岡和新鮮奧勒岡之間的風味差異很有意思──兩者都很好，但各有所長。由於奧勒岡的精華在於它的揮發油，所以一定要在烹調的最後1分鐘才把它加到菜餚裡。

　　融入了奧勒岡的醋和油所產生的是另一種風味，雖然很明顯仍然是奧勒岡的味道，但比起新鮮或乾燥的奧勒岡，風味就是截然不同。

醬漬番茄

必須說，當你在夏天有新鮮番茄和香草可以用時，這道食譜就派上用場了。

- 4顆中型的成熟番茄
- 2湯匙細香蔥，切細
- 1/4杯新鮮奧勒岡，切細
- 1/4杯特級初榨冷壓橄欖油
- 1湯匙義大利香醋
- 粗海鹽和粗磨胡椒
- 奧勒岡枝葉，選擇性裝飾用

1. 選擇結實、多肉的番茄，切成大約1公分厚的片狀，然後把番茄片鋪在一只淺盤裡，可以分層擺放。
2. 把細香蔥、奧勒岡、橄欖油和醋混勻，倒在番茄片上，然後用保鮮膜蓋住。
3. 出餐前在常溫下靜置大約30分鐘。最後撒上鹽和胡椒調味。

義大利豆沙拉

和大部分的豆沙拉不同，這道食譜在風味上有所變化——它不像許多老式食譜那麼甜。一般來說，古早味版本是用腰豆做的，但斑豆的皮更柔軟，或許你會喜歡。

- 少許辣椒醬
- 1/4杯橄欖油
- 1湯匙檸檬汁
- 1湯匙紅酒醋
- 新鮮奧勒岡枝葉，選擇性裝飾用
- 2杯煮過的或罐頭斑豆，把水瀝乾，然後沖洗
- 1小片蒜瓣，壓碎
- 1/2茶匙乾燥奧勒岡
- 1根青蔥，切成蔥花
- 1/4杯無籽覆盆子果醬
- 1茶匙鮮薑塊，切成末

1.把所有的食材混合在一起，拌勻。

2.蓋緊蓋子，冷卻至少一整夜，可能的話，冷卻的時間可以再久一點。
   沙拉最多可以存放7天，放了1天以後風味更佳。

奧勒岡番茄湯

（約4杯）

新鮮的奧勒岡在這道清淡、低脂且具有飽滿風味的番茄湯裡，形成了微妙的對比。

- 1/2杯飯
- 2湯匙檸檬汁
- 1顆檸檬的皮
- 2湯匙橄欖油
- 1/4杯新鮮奧勒岡葉（不要切）
- 2杯雞湯或蔬菜高湯
- 1顆中型洋蔥，切成小塊
- 2根胡蘿蔔，削皮，切塊
- 1杯罐頭番茄（或現煮番茄）

1.把油倒入平底鍋裡加熱，將洋蔥和胡蘿蔔倒下去炒，直到洋蔥變軟。

2.加入番茄、檸檬皮和高湯。悶煮30分鐘或直到胡蘿蔔完全變軟。

3.冷卻後放到食物處理機裡打成泥。

4.拌入檸檬汁，然後重新加熱。

5.出餐時在每個碗裡放入1滿匙的飯，接著倒入湯，再撒下大量的奧勒岡葉做裝飾。

變化 這道湯品即使是冷的也很好吃，毋須再加熱，僅需在打成泥之後冷卻幾個小時。這次不需要用到飯，而是在每碗湯裡放上1滿匙切成小塊的生小黃瓜。最後，用一團優格和奧勒岡做裝飾。

希臘風味雞

（6人份）

做這道菜會需要很多新鮮的奧勒岡，但它很美味，而且超簡單。

- 橄欖油少許
- 1大把奧勒岡
- 1/2顆檸檬，切成4等份
- 1整顆新鮮蒜球
- 1隻用來烤的雞

1.把雞沖洗過，用紙巾拍乾。清洗奧勒岡，但別急著弄乾。把蒜球剝成瓣，然後去皮。

2.把奧勒岡的莖、葉統統塞到雞的空腔裡，再放入蒜瓣和檸檬塊。拿條細繩把雞的四肢綁在一起，用橄欖油揉抹遍雞身後放到淺烤盤上。

3.攝氏176度炙烤，不用蓋住烤物，每450公克左右需花費20到30分鐘，或直到當烤肉溫度計插到雞腿肉裡達到攝氏87度的時候。在烤的過程中不用在雞肉上塗油。

4.出餐前先讓雞肉冷卻，直到你覺得可以處理。從骨頭上取下所有的肉，然後擺盤。以新鮮的奧勒岡和檸檬片做裝飾，趁熱出餐。

奧勒岡麵包

（份量：4條麵包）

奶油醬麵食和湯品可說是絕配。烘焙酵母麵包是需要點時間，但是在麵包徹底冷卻之後，你可以拿一些冷凍起來，留待稍後做「麵包和湯」的速食晚餐。

- 2杯溫水
- 1茶匙糖
- 4茶匙鹽
- 2包活性乾酵母
- 6又1/2杯（大約）未漂白麵粉
- 2湯匙蜂蜜
- 1/4杯蔬菜油
- 1/2杯小麥胚芽
- 1湯匙乾燥奧勒岡葉
- 1湯匙乾燥歐芹葉

1.用一只大碗裝溫水，把酵母撒進去，攪拌至溶解。加入糖，然後靜置，直到混合物起泡泡。

2.加入油、蜂蜜、小麥胚芽、調味料和2杯麵粉，快速攪拌，直到混合物混勻且有光澤，然後拌入足夠的麵粉，做成麵糰。

3.把麵糰倒在撒上麵粉的板子上揉，直到表面光滑且麵糰有彈性。把揉好的麵糰放到一只塗油的碗裡，靜置於溫暖之處，直到麵糰膨脹成2倍大──大約1小時。

4.搥打麵糰，並且做成4條又長又細的麵包塊，放到塗油的烤盤上。在麵糰上方輕輕刷上一層油，蓋好，然後放在溫暖的地方醒麵糰，直到膨脹成將近2倍大──大約4分鐘。

5.在每條麵包上切出3條斜斜的裂口，並以攝氏200度烤大約30分鐘。烤好後，在麵包完全冷卻之前不要包起來。

簡易素千層麵

（6至8人份）

醬汁
- 1湯匙橄欖油
- 6到8份乾的闊麵條

- 1茶匙乾燥奧勒岡
- 1茶匙乾洋蔥末
- 1罐795公克的壓碎番茄
- 1根青蔥，切成蔥花
- 3朵新鮮香菇，切片
- 2片新鮮蒜瓣，壓碎或切成末

1.用橄欖油炒青蔥和香菇，直到變得有一點軟。

2.倒入壓碎的番茄，改以文火慢煮。

3.加入新鮮蒜瓣、乾洋蔥和乾奧勒岡。慢煮約20分鐘，直到混合物呈醬汁狀。

4.在一個約17×25公分的烤盤上倒入大約1/2杯做好的醬汁，鋪上3到4片生的闊麵條，使每片麵條的邊剛好相接。

餡料
- 1盒425或455公克的瑞可達起司（ricotta）
- 2顆蛋
- 1湯匙切細的新鮮奧勒岡（或1茶匙乾燥的）
- 1撮肉豆蔻果仁
- 1到2杯切成小塊的綠花椰、白花椰、胡蘿蔔
- 2到4湯匙水
- 3到4片波芙隆起司（provolone）
- 奧勒岡，裝飾用

5.拿一支叉子將瑞可達起司、蛋、奧勒岡和肉豆蔻拌在一起，直到蛋完全打散。接著將餡料均勻地倒在麵條上。

6.將切成小塊的蔬菜蒸2分鐘，蒸好後馬上把水瀝乾。把蔬菜鋪在瑞可達起司餡料上。

7.把剩下的麵條鋪在蔬菜上，再從麵條上淋下步驟3做好的醬汁。把麵條推離烤盤邊緣，好讓醬汁流進麵條裡。你也許不需要用掉所有的醬

汁就能夠覆蓋住麵條。把剩下的醬汁留下來，重新加熱，出餐時放在旁邊。在千層麵盤裡加入2湯匙水，蓋上鋁箔紙，在盤緣處將鋁箔紙壓緊。

8.把千層麵放入冷的烤箱裡，將溫度設定在攝氏176度，烤15分鐘，然後將溫度降至攝氏162度，然後再烤1小時。

9.看看麵條是否變軟，如果還沒軟，就再加1湯匙水，重新蓋緊鋁箔紙，把千層麵放回烤箱再烤20分鐘左右。當麵條變軟後，拿掉鋁箔紙，把起司片鋪到千層麵上，再放回烤箱讓起司融化。

10.從烤箱取出千層麵之後，先靜置至少30分鐘再出餐。用一大束新鮮的奧勒岡枝葉做裝飾。

CHAPTER

6

薄荷

栽培與運用

綠薄荷是全世界廚師最喜歡的老式風味。
如果你只能擁有一種薄荷，
強烈推薦你選擇綠薄荷或蘋果薄荷！

多元化的薄荷家族

挑選植苗

薄荷家族包含了蘿勒、夏季鼠尾草和墨角蘭，但是我們在這裡要談的是真正的薄荷屬品種，包括胡薄荷（pennyroyal）。

薄荷是一種耐寒的多年生植物，它會在冬天的嚴寒氣候下枯萎殆盡，然後在次年春天重現大地。

繁殖薄荷最好的方式不是使用種籽，而是扦插或植株（它在水裡會很快地生根，但你若在水裡加了太多化學物質就不是如此）。

有些種籽供應商有賣薄荷種籽，但往往附帶警語：從種籽繁殖而來的薄荷品質並不一致，它們的風味從綠薄荷到辣薄荷都有。

兩種最普遍的薄荷是綠薄荷與辣薄荷，不過也還有許多其他品種。也許你可以找到很樂意提供你植株或插枝的朋友，或者你也可以在當地的育苗商那兒找到你想要的東西。

無論是哪一種情況，你都可以摘下一片葉子，用手指碾碎，先聞一聞，然後再嚐一嚐。你馬上就能知道自己喜不喜歡它（這方法我已經用了好幾年了，從來沒被斥責過。但是，我也從沒被逮到過）。以下是一些品種的介紹：

綠 薄 荷 *Mentha Spicata*

是全世界廚師最喜歡的老式風味。如果你只能擁有一種薄荷，我強烈推薦你選擇綠薄荷或蘋果薄荷，後者也有類似的風味。這不只是個人品味的問題，綠薄荷比辣薄荷更溫和，而且它的風味似乎更容易

融入許多類型的菜餚。它的葉片比較大，便於烹飪，而且植株幾乎在任何地方都能夠生長茁壯。綠薄荷的葉子是鮮綠色的，形狀像矛頭。它可以長到60公分高，有時候更高。

有一種品種很有意思，叫做「嚼口香糖」（Mentha spicata）。它有著強烈的綠薄荷風味和赤褐色的葉片，嚼起來的味道就像在嚼口香糖一樣。

綠薄荷

辣薄荷 *Menthu x piperila*

這種薄荷的特徵是紫色的莖、深綠色的葉，很適合拿來泡茶或用於醫療。但它確實有個問題：有廚師發現對於做菜來說，它會變得有點澀口，因此建議每2至3年就應該除掉。通常可以長到60公分高。

辣薄荷

蘋果薄荷 *Mentha rotundifolia*

必須說，這是每個老奶奶最喜歡的薄荷。它的風味絕佳，可惜在摘下之後會很快枯萎。它淺綠色的葉子看起來有點兒毛茸茸的，通常可以長到90公分高。

英國蘋果薄荷 *Mentha suaveolens*

這個品種很容易栽培（甚至比大部分的薄荷都容易），而且不像

其他薄荷那麼需要水分。它很適合所有類型的烹飪，而且淺綠色的葉子也很適合用來做蜜餞。能夠長到60公分高。

鳳梨薄荷 *Mentha suaveolens 'Variegata'*

這個品種芳香怡人，聞起來很像成熟的鳳梨，很適合用來做冰茶。它的綠色葉片在葉緣處鑲了一圈白色，通常可以長到60公分高。

檸檬薄荷 *Mentha x piperita 'Citrata'*

也叫做佛手柑薄荷、古龍水薄荷或薰衣草薄荷，這種薄荷的香味似乎有許多變化，所以才有這麼多的名稱。它特別適合用於茶（冷熱皆宜）、潘趣酒、芳香盆和沙拉，而且它是調酒「薄荷朱利普」（Mint Juleps）所指定使用的薄荷。這種植物有深綠色的葉子，可以長到60公分高。

檸檬薄荷

巧克力薄荷 *Mentha x piperita 'Chocolate'*

正如其名，它的氣味令人想起包裹著巧克力糖衣的薄荷糖。它通常和糖結合使用在甜點和冰品中。這種植物有深綠色的葉子，可以長到45公分高。

蘇格蘭斑葉薄荷 *Mentha x gentilis 'Variegata'*

這種植物具有溫和的綠薄荷風味，它吸引人之處在於它的色彩：夾雜著醒目的金黃色和綠色的葉片。它可以長到30公分高。

科西嘉薄荷 *Mentha requiennii*

這種薄荷是極美麗又芳香的地被植物，即便是許多植物無法適應的潮溼陰暗處，它也能生長。它的葉片很小，而且植株本身極小——大約只有2.5公分高。這種不太耐寒的植物並不適合寒冷的氣候。

香蜂草 *Mentha longifolia*

香蜂草（又稱馬薄荷、歐薄荷）是野生薄荷的一種。它的風味和香氣介於綠薄荷和辣薄荷之間。其特色是植株覆著細細的白毛，可以長到60公分高。

土薄荷 *Mentha arvensis*

這種植物是原生野薄荷，生長於北美環北方一帶。任何薄荷的使用方式，都適用於它。

這種薄荷其實很容易辨識，因為它微小的淺紫色花朵並不形成於花梗上，而是在每對葉子長出來的節點上方、繞著花梗長成小小的圓圈。它可以長到60公分高。

英國薄荷 *Mentha pulegium*

它也是一種理想的地被植物，這種薄荷蔓延得很快。英國薄荷是有名的驅蟲劑，因為它聞起來有點像香茅的味道。它是很低矮的植物，就像地蓆一樣，但是花梗可以長到45公分高。順帶一提，它無法忍受霜寒，所以對於居住在寒冷氣候帶的人而言，這種植物也許最好從種籽開始種植。

種植與栽培

良好的排水性

不管你選擇的是什麼樣的薄荷品種，現在你都必須決定要把它種在哪裡。

前人的智慧說要把薄荷直接種在戶外的水龍頭下或旁邊，這個規則真的說得很棒，而且也點出了薄荷的天性——它需要很多很多的水。但泥濘不堪的地方可不適合，因為它需要良好的排水環境。

日照與施肥

一天裡有一點點遮蔭，這種情況最能讓薄荷生長茁壯。曬3個小時的太陽很理想，不過薄荷是順從度很高的植物，所以不管太陽曬得多一點或少一點，它都會盡量習慣。事實上，商業栽培者往往以全日照得到最好的栽培結果。

就像大部分的香草一樣，薄荷不需要很多的肥料，儘管夏季裡以少許的腐熟堆肥施肥2次可以讓它長得更好。不要使用新鮮的糞肥，這會導致鏽病發生的可能性提高。

栽植的容器

薄荷主要需要的，是它自己的家。

它是個流浪者，別以為一座小巧美麗、高雅的香草庭園能夠約束它，因為它會霸佔整個園子。

預防這種結果的最佳方法，便是在土裡插入一片15公分深的金屬

片，來界定你想要薄荷長到哪裡。
有人說金屬片要深達45公分，也有
人說要把它種在無底的水桶裡或花
盆裡。

　　其實，給薄荷一塊屬於自己的
地方就夠了，你可以稱之為「薄荷
園圃」。

透過在薄荷周圍加入金屬片來
防止薄荷過度繁衍生長。

　　我曾經讀過一個方法，可以讓
薄荷待在你想要它待的地方，那就
是用齊邊器修剪它的根。

　　只不過，根據我以往的經驗，你修剪的地方基本上會冒出新芽，
就像你給薄荷一個挑戰的機會似的，結果總是讓人特別驚喜。

　　不管怎樣，一旦你把薄荷園圃建置好之後，很難想像會有供不應
求的狀況！

　　在薄荷生長的過程中，要趁開
花前摘掉所有的花苞。

　　還有，當你採收薄荷時，記得
剪口處要位於莖上長出葉子的節點
上方。你通常會發現，在你剪口的
地方會冒出兩根新枝條。

　　隨著秋天來臨，如果你住的地
方會降霜，那麼在修剪薄荷時，長
度不要多於枝條的一半。

在薄荷莖部長出葉子的節點上
方進行修剪。

薄荷的保存方法

即使有移動式的窗台花壇，你每年仍然會有短暫的時間沒有新鮮薄荷可用。只要你能用乾燥或冷凍的方法保存一批優質的薄荷，你就不會為了這個理由而在烹飪方面感到困擾。

在你嘗試乾燥或冷凍薄荷之前，你需要採收，那意味著大規模的採收薄荷。一整個夏季裡你可以採收2至3次，只要你記得趁開花前摘除花苞。採收薄荷的最佳時機是豔陽天的上午，此時清晨的露水已消散，是薄荷最茁壯的巔峰。如同我之前提過的，當秋天將近，在修剪薄荷時，長度不要多於枝條的一半。

其次，大部分的專家會告訴你要清洗薄荷，然後小心且迅速地乾燥它——用取巧的方法。對我來說，如果你是自己栽培薄荷，而且知道它沒有受到殺蟲劑或除草劑的污染，那麼這步驟完全不必要。

薄荷的乾燥法

乾燥法是保存所有香草的古老方法，包括薄荷。古老的方法包括把薄荷枝葉放到托盤上晾乾，或是把枝葉聚集起來捆成束，然後倒吊著晾乾。後者的方式別具一格又美觀；從木樑上倒吊而下的香草，為老廚房帶來了殖民時期濃濃的古樸風格！

只不過，這兩種乾燥法都無法提供優質的產品。以這些方法乾燥的薄荷可能會發霉、可能會流失許多風味，而且還可能會褪色。

直到最近人們才找到自製乾燥香草的最佳方法，那就是使用微波爐（我很高興除了解凍冷凍食品之外，還可以拿微波爐做點別的事），

微波薄荷

　　用微波爐乾燥薄荷：在微波爐底放一張雙層白紙巾，拿1、2把新鮮薄荷放到紙巾上鋪開，只鋪一層。要確定拿掉了任何堅硬的木質莖；柔軟的新生葉梗可以和葉子一起乾燥。不要覆蓋任何東西。

　　將微波爐設定在高功率，4分鐘，就這麼簡單！

　　現在你得到很完美的乾燥薄荷！貯存在密封袋或密封容器裡，放到陰暗的地方，接下來的好幾個月裡你就能好好享受烹飪的樂趣！

　　方法再簡單不過了。除了微波爐，食物烘乾機也是乾燥薄荷的好方法。現在市面上有許多工具便於使用，也能迅速乾燥食物且不流失其風味。

冷凍薄荷

　　薄荷是很好結凍的東西，儘管它會變得了無生氣，不能像新鮮薄荷那樣用於裝飾。不過它仍然能夠擁有你想要的風味和顏色，用在許多菜餚裡也非常棒。冷凍薄荷甚至比前述幾乎是即時乾燥的方法更簡單。

　　在冷凍薄荷的時候，只要把乾淨的薄荷葉放到密封袋或冷凍容器裡，然後再放進冷凍庫裡就好了（如果你覺得必須先清洗薄荷，在放入冷凍庫之前一定要讓它乾透）。

用薄荷做料理

在以下食譜中，我並未特別指定使用哪種薄荷。所有的薄荷都是好薄荷！就我個人而言，我偏好綠薄荷、蘋果薄荷和檸檬薄荷。但是你可以用你喜歡的薄荷。

薄荷起司抹醬

我敢說你一定買過市售的香草大蒜起司，或許還有黑胡椒起司。它們都很受歡迎，味道也很棒，但是這裡有更好的，若你想挑戰新事物，歡迎嘗試看看！

以乾燥薄荷取代新鮮薄荷

就跟所有的香草一樣，新鮮的總是比乾燥的好。但是乾燥薄荷風味非常棒，常被用於許多中東食譜裡。這裡有一個簡單的經驗法則：以1份乾燥薄荷取代食譜裡所需的3份新鮮薄荷。

在某些情況下，你會需要鮮綠色的視覺效果和質感，這時候你大可放心用乾燥薄荷取代新鮮薄荷──不過要添加切碎的萵苣葉、歐芹或菠菜來補足原本需要的量。

- 1湯匙鮮奶
- 1湯匙白酒
- 230公克奶油起司
- 1/2茶匙現磨黑胡椒
- 1片中型蒜瓣，切成蒜末
- 1/2湯匙細香蔥蔥花（選擇性的）
- 1湯匙切碎的薄荷（或是1茶匙乾燥薄荷，和1湯匙切碎的歐芹、萵苣或菠菜）

1. 把所有食材混勻（食物處理器很好用，但是一支叉子也做得到）。蓋上蓋子，冷卻幾小時。

2. 可搭配方型吐司或薄脆餅乾食用。請蓋上蓋子冷藏，可以保存好幾個禮拜。

櫛瓜薄荷濃湯
（4人份）

這道湯品滋味清新美妙。不用說，它也可以用任何品種的夏南瓜來做——只是看起來不是綠色的。

- 2湯匙奶油或乳瑪琳
- 2顆大型洋蔥，切碎
- 6條櫛瓜，每條大約10公分長，切薄片
- 4杯雞湯
- 1/4杯切碎的薄荷
- 鹽和現磨黑胡椒，適量

1.在一只中型平底鍋裡將奶油融化，以中火炒洋蔥，直到變得很軟。

2.加入櫛瓜，攪拌均勻，然後倒入雞湯。蓋上鍋蓋悶煮，直到櫛瓜變軟——大約15分鐘。用鹽和黑胡椒調味。

3.現在把步驟2的櫛瓜湯倒入食物處理器或攪拌器裡打成泥，或是用食物研磨器磨成泥。然後拌入薄荷，即時出餐。

4.假如你喜歡喝冷湯，就先冷卻（你若真的以冷湯出餐，在出餐前要先檢查調味料放得夠不夠）。

蒜香薄荷馬鈴薯

（4到6人份）

　　這是所有馬鈴薯菜餚裡最誘人的其中之一，而且恰好表現出大蒜與薄荷的契合度。

　　在這裡，我會提供你兩種版本的料理方式——一個用微波爐來料理，另一個使用傳統烤箱。

　　必須說，微波爐看起來確實能讓其他風味滲到馬鈴薯的每一根纖維裡（不過不是每一個人都擁有這種奇妙產品）。

- 約680公克的小型馬鈴薯（如果你能找到育空黃金品種或黃肉馬鈴薯，它們在這裡會顯得特別好看）
- 2茶匙蒜末
- 1/4杯橄欖油
- 1/4杯切碎的薄荷
- 鹽和現磨黑胡椒，適量

1.傳統烤箱：用叉子在馬鈴薯上戳洞，然後以攝氏204度烤1小時。接著把馬鈴薯切成一般大小的塊狀，與其他食材混合晃勻。

2.微波爐：把馬鈴薯切成小塊，和其他食材（除了薄荷）一起放到微波專用盤裡。蓋上蓋子，以高功率微波10分鐘（若使用的是低功率微波爐，就微波15分鐘）。最後拌入薄荷。

蜜汁薄荷胡蘿蔔
（4人份）

試試用這道菜搭配感恩節火雞——或是為任何餐食增添一些亮麗的色彩和豐富的別致風味。

- 3湯匙蜂蜜
- 2湯匙切碎的薄荷
- 3湯匙奶油或乳瑪琳
- 455公克胡蘿蔔，較老的才要去皮

1.將胡蘿蔔薄薄地斜切，切下來的薄片會是長長的橢圓形。

2.放到一只中型平底鍋裡，用足夠的水蓋過去。

3.以小火煮滾，蓋上鍋蓋，悶煮10到15分鐘，或直到快要變軟為止，然後瀝掉水分。

4.在鍋裡加入奶油或乳瑪琳和蜂蜜，然後以中火烹煮，一邊攪拌，不要蓋上鍋蓋，直到胡蘿蔔因沾上蜜汁而變得亮亮的——速度很快，只要幾分鐘。

5.加入薄荷，再煮2分鐘，同時一邊攪拌。

嫩馬鈴薯薄荷沙拉

（4到6人份）

額外添加一點兒薄荷，能使任何馬鈴薯沙拉的滋味變得更好，但是以嫩馬鈴薯做的沙拉，其滋味會更特別。

這是乾燥薄荷無法取代新鮮薄荷的一個例子。

- 約680公克的嫩馬鈴薯（紅色的尤佳），擦洗，但不要削皮
- 1/2茶匙鹽
- 1/2杯美乃滋
- 胡椒研磨罐，轉6次
- 1/4杯蔥花
- 2湯匙切碎的紅甜椒或綠甜椒
- 1/4杯切碎的薄荷葉

1. 把馬鈴薯放進水裡煮滾，讓水滾大約10分鐘，或直到變軟，但馬鈴薯整體不會散開的狀態。
2. 瀝掉水分，然後把馬鈴薯切開。假如馬鈴薯很小，就對半切；假如馬鈴薯比較大，就切成4等份。
3. 在一只中型碗裡將其他所有食材混勻，拌入切好的馬鈴薯塊，冷卻。

烤肉串醬汁

（完成品約1杯）

這個食譜特別適合羔羊肉烤肉串，不過它也可以為其他肉類、禽肉和蔬菜增添辛香味。

- 1/2杯白酒醋
- 1片小蒜瓣，剁碎或壓碎
- 1/2杯切成小片的薄荷葉
- 2湯匙沙拉油
- 1/4杯切碎的洋蔥
- 鹽和現磨黑胡椒，適量

1.把所有食材混合在一起，然後拿來醃肉，大約2小時。

2.把肉串到烤肉叉上，炙烤過程中每次翻面時再塗上同樣的醬汁。

3.如果是烤蔬菜，就略過醃製的步驟，只要在炙烤時塗上醬汁。可以試
　試切成大塊的茄子、番茄或夏南瓜（如櫛瓜）。

晶糖薄荷葉

　　這些漂亮的小玩意兒可以當做糖果食用，不過它們最出名的用法
是拿來裝飾糕點。把晶糖薄荷葉放到密封的鐵罐裡，可以保存好幾個月
（但是一定要用羊皮紙或白報紙將它們層層分隔開來）。

　　同樣的方法，也可以用於自家栽培、不噴灑藥劑的紫蘿蘭、三色
董、垂絲海棠花（Crabapple blossom）或玫瑰花瓣，不過，薄荷才是最
好的！

- 1杯水
- 2杯糖
- 4滴檸檬汁
- 1/4茶匙塔塔醬
- 大約945毫升（不壓縮）的大葉新鮮薄荷（以綠薄荷 P110 為主）

1.把水倒進一只深的大平底鍋裡，加入糖，然後以中高火煮，邊煮邊攪拌，直到糖完全溶解。

2.拌入塔塔醬，繼續煮到糖漿達到軟脆的程度——大約攝氏137度。

3.把鍋子從火源上移開，放到一盆冰水裡。拌入檸檬汁。

4.當糖漿冷卻到剛好不會燙傷你手指的程度時，就開始為薄荷葉（或花）裹上晶糖。一次放一小把，輕輕攪拌，然後用漏勺取出來放到羊皮紙或白報紙上，用手指將它們分開。

5.在乾透之後，就可以把亮晶晶的薄荷葉放到紙上，並貯存在密封的鐵盒裡。

注意 做晶糖薄荷葉或晶糖花其實還有更簡單的方式，只不過因為材料含有生蛋白，所以我並不推薦。這起因於我對沙門氏桿菌中毒風險的擔憂，因此不建議直接食用生蛋白。雖然很可惜，不過上述的方法並不像聽起來那樣複雜或困難。

薰衣草

栽培與運用

薰衣草有「花之精靈」的美稱，
其花語是「等待愛情」，
當普羅旺斯的薰衣草田在風中綻放出藍紫色的花，
請低頭聆聽它們想說的話，
那樣的呢喃低語是未來戀人捎給你的愛情訊息。

各種類的薰衣草

測試出適合的季節

　　薰衣草有許多品種，而且耐寒的程度不一。在像是加州那樣的溫暖地區，可以栽培許多不耐寒種類的薰衣草，但是在美國東北部，這些不耐寒的植物就無法順利度過冬季，必須當做1年生植物來照顧（於每年春季時重新種植）。

　　有些比較耐寒的品種在保護下能夠熬過較冷的天氣，但是如果在有小雪覆蓋的嚴冬裡，即使是耐寒品種也可能無法撐下去（地處亞熱帶的台灣，目前常見栽培的品種有：羽葉薰衣草、甜薰衣草、齒葉薰衣草、狹葉薰衣草）。

　　取一些品種來試驗是個好辦法，看看哪一種在你的園子裡長得最好。如此一來，你或許會發現一些令你喜歡到難分難捨的種類，以致每年春季都想要栽培；或是發現其他比較耐寒的品種，可以活好幾年而不用重新栽培。

耐寒的薰衣草

　　耐寒的薰衣草原生於地中海區域，有時也叫做英國薰衣草。它們

很適應英國的氣候條件，而且喜歡長時間日照卻不會過熱的夏季。所有的耐寒薰衣草都具有灰色的葉片和排列於穗上的花朵。這些花通常是淡紫色的。

耐寒的薰衣草被認為是多年生植物，儘管它們在無法過冬的地區被當做1年生植物來栽培。它們長得不像不耐寒的薰衣草那般高，而且它們一年只開一次花。有些世界上最好的薰衣草精油來自這些植物的花，這種精油的香氣濃郁——被提煉成香水的薰衣草精油，正是從這些植物而來。

這些庭園薰衣草可以在一些適當的氣候條件下度過冬季，它們大部分是灌木型植物，而且有細狹的灰色葉片。老植株在整個冬季裡的狀態都很好，因為它們以其木質莖立足在庭園裡。新長的枝葉顏色比較綠，沒那麼灰。

不同品種的細狹葉子，依據植株的不同而有大小的差異，而且有些花穗是尖頭的，有些則是鈍頭的。長著花朵的花梗呈四方形，從葉子上方冒出來，在植株結種籽後會變硬。

這一類的部分品種包括：

曼斯特侏儒 *Lavandula angustifolia 'Dwarf Munstead'*

這個栽培種是根據園藝家兼園藝作家葛楚德·傑克爾（Gertrude Jekyll）在英國的家鄉而命名，它最早開花，在種下種籽後的次年冒出花朵。花穗是標準的薰衣草色，雙唇形花密集地擠在枝頭上。它長得低矮、茂密，在大約10公分長的花梗上長著許多淡藍紫色的花穗，是很普遍的品種。曼斯特侏儒薰衣草很適合庭園花圃，也可以種在容器裡。

福爾蓋特藍 *Lavandula angustifolia 'Folgate Blue'*

「福爾蓋特藍」有著類似「曼斯特侏儒」的生長習性，但是花朵偏藍色，而且會長成稍大的灌木。

灰色籬笆 *Lavandula angustifolia 'Grey Hedge'*

「灰色籬笆」是比「曼斯特侏儒」或「福爾蓋特藍」還要高的品種，葉子呈銀灰色。它的花穗又細又尖，呈淺紫色。

希德寇特 *Lavandula angustifolia 'Hidcote Purple'*

以其深紫色的花穗聞名，這個特徵使它在庭園造景中非常搶眼，深受歡迎。「希德寇特」差不多可以長到60至76公分高，花期長。

老英國 *Lavandula angustifolia 'Old English'*

「老英國」的葉子比「灰色籬笆」寬且綠，有細狹的淺紫花穗。

席爾 *Lavandula angustifolia 'Seal'*

「席爾」在對的栽培條件下能夠長到90公分高，是一種很會開花的植物，有長長的花梗、灰綠色的葉子和藍紫色的花。它的花期很長，假如它在花園裡長得很茁壯，花期可達4個月。

推克爾 *Lavandula angustifolia 'Twickel Purple'*

「推克爾」是一種非常奇特的薰衣草，因為它的花穗排列成扇形。它比「希德寇特」小，長長的花穗呈深紫色。

闊葉薰衣草 *Lavandula latifolia*

這種薰衣草的葉子比上述的種類都寬得多，可是比較不會開花，不過它的芳香精油使它在商業上最受到矚目。闊葉薰衣草的葉片修長，呈明顯的灰色。分枝上的花穗跟許多品種的薰衣草很類似，儘管不像大部分的那麼顯眼。

在法國，闊葉薰衣草也叫做毒蛇薰衣草（aspic lavender），據說是因為有人相信那種植物裡住著小毒蛇。只不過，這個名字或許比較可能來自於「espic」這個字，也就是「花穗」的意思。

荷蘭薰衣草 *Lavandula x intermedia*

荷蘭薰衣草是介於狹葉薰衣草和闊葉薰衣草之間的種類，它的葉片比後者細狹，但比前者更寬。

它的花朵開在長長的分枝花穗上。這種植物的花期比矮生薰衣草還晚，但它的香氣往往強烈而濃郁。

玫瑰薰衣草 *Lavandula angustifolia 'Rosea'*

玫瑰薰衣草的特徵和「福爾蓋特藍」差不多，植株筆挺，葉片細狹。它的花一如其名，是玫瑰般的淺粉紅色，在一片銀灰色的葉子中非常鮮明。

白色薰衣草 *Lavandula angustifolia 'Alba'*

白色薰衣草有白色的花穗，與其他品種相比，它的葉子比較長，向外散開，呈現分明的銀色。

它並不會大量開花，但具有純粹的薰衣草芳香。有些白色薰衣草生得矮小，大約只有15公分高，其灰色葉片短而細狹，還有白色的微小花穗。

絨毛薰衣草 *Lavandula lanata*

絨毛薰衣草是一種氣味香甜的薰衣草。它是矮生灌木，大約60至90公分高，可以生長在野外。

它的葉子是淺灰色，大約5公分長，因為葉緣向下捲的關係，所以葉子看起來很細。這種植物的莖葉覆著細小的絨毛，因此看起來毛茸茸的。花穗可以長到30公分長，而且很特別的一點是，花穗上會長出若干小小的頭狀花序，花序上方還會開著深藍色的花朵。

不耐寒薰衣草

不耐寒薰衣草原生於西班牙和法國南部，有時也叫做法國薰衣草。它們與其他薰衣草最明顯的分別，就是花穗頂端的彩色苞片。這些苞片很豔麗，往往被誤認為是花，但實際上只是有顏色的葉子。

這些植物被稱做「不耐寒」薰衣草，是因為它們需要在全日照的環境下生長，而且土壤要比耐寒品種的更加肥沃才行。

不耐寒薰衣草在沒有降霜的地方其實可以長到90公分高，比較可惜的地方是，它的花梗比較脆弱，比耐寒品種更容易形成拱形，而且葉子偏綠色、不偏灰色。

頭狀薰衣草 *Lavandula stoechas*

從古羅馬時代到中世紀，頭狀薰衣草一直被當做消毒劑使用。這個品種的灰綠色尖頭葉片，有一種獨特、溫和的樟腦辛香。

頭狀薰衣草的花穗被壓縮成不規則的球形，小小的薰衣草花朵便躲藏在球上的紫色扁平苞片間。兩片長長的紫色苞片從穗頂筆直地往上伸，長度可達約3.8公分。

這個品種在法國很普遍，沿著南部海岸生長在酸性土壤裡。這個植物的名字stoechas源自於Stoechades，即今日法國耶荷市（Heyeres）外海的地中海諸島的古名稱。

齒葉薰衣草 *Lavandula dentata*

這種植物的精巧綠色葉片上，有著鋸齒狀的邊緣，也叫做西班牙薰衣草或法國薰衣草，其葉子的香氣是些許樟腦味中帶著一縷香脂味。

長長花梗上的薰衣草小花，相繼不絕地開在細細的錐狀花穗上，而薰衣草苞片就長在花穗的頂部。

植株在一年大部分的時間裡都能盛開著花朵，不過它的芳香並不如英國薰衣草那樣持久。

在溫暖的條件下，如果沒有修剪的話，齒葉薰衣草的高度和寬度都可以達到90公分。

康第肯齒葉薰衣草 *Lavandula dentata candicans*

它和齒葉薰衣草很相似，不過它的葉子更茂密、更灰。它也比齒葉薰衣草耐寒、強健。

法國亞種薰衣草 *Lavandula stoechas ssp. pedunculata*

又叫做西班牙薰衣草，是一種筆直的多年生植物。它有細長的灰綠色葉子、長長的紫紅色苞片。

綠薰衣草 *Lavandula viridis*

綠薰衣草是多年生植物，具有松脂似的薰衣草芳香，其綠色葉片細長且具有黏性。它的花梗長度為中長，其苞片和微小花朵的顏色是奶油白，長在帶綠色的錐形花穗上。

甜薰衣草 *Lavandula heterophylla*

甜薰衣草的銀灰色葉子，其葉緣有時呈鋸齒狀。這種植物可以長到90公分高，花朵是深紫色。

其他薰衣草

蕨葉薰衣草 *Lavandula multifida*

這種薰衣草並不常見，是很有意思的植物。它們似蕨葉的綠色葉子，是其名稱multifida（意思是「深葉裂」）的由來。這種植物長得筆直，有強健的方形莖。翼穗上開著深紫色的花，花期一次可長達6個月，而且大部分的花都開在夏末。

這種不耐寒的薰衣草原生於北非和葡萄牙，在冬天的時候需要受到保護。

羽葉薰衣草 *Lavandula pinnata*

這種薰衣草的花是粉藍色，假如植株得到適當的遮蔭，幾乎一整年都會開著花，它還有柔軟的灰綠色葉片。整個植株都覆著白色的短毛，使它看起來有點毛茸茸的。羽葉薰衣草可以長到90公分高。

種植與栽培

繁殖

不耐寒的薰衣草很容易用種籽、扦插或壓條來繁殖，而耐寒的薰衣草的最佳繁殖方法是扦插或壓條。

● 以種籽繁殖

一開始先在室內播種，選擇排水良好的育苗盤，填入無菌的培養土，土表與盤頂之間的距離要在2.5公分以內。

大量澆水，但要使用細孔噴霧器輕輕噴灑，這樣才不會干擾到種籽，然後把育苗盤放進塑膠袋裡。直到發芽前都不要再澆任何水，為期大約14天，把它們放在溫度大約維持在攝氏21度到23度的地方。等到種籽發芽，就拿掉覆蓋在外面的塑膠袋，然後將育苗盤放到沒有遮蔭的朝南窗戶上，或是螢光燈之下。

讓土壤保持溼潤，但是千萬不要完全溼掉，否則新芽會腐爛。假如培養土的顏色開始變淡，即表示土壤正逐漸失去水分而變乾。所以每天需檢查是否要補充水分。最好的方式是從底部灌溉，直到新芽長到一

①在培養土上面撒下一層約1.5公分厚的乾淨沙子，用一塊平板推平表面。

②把種籽均勻地撒在土壤上，不要太濃密。然後用板子的平面把種籽壓進土裡。

③在種籽上方撒下土壤，直到剛好蓋住。

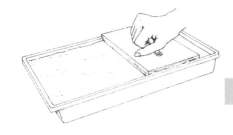

④用一塊平板再次壓實土壤。

個理想的大小。從上面澆水可能使幼苗移位或把它們弄倒，若要從上面澆水，就把水澆在兩排幼苗之間。

假如幼苗是種在窗台上或有日照的角落，就應該定期幫它們翻轉，這樣植株才能長得筆直、勻稱。

當真正的葉子長出來之後，就可以給予水溶性植物養料，使用標籤建議濃度的1/4，當植物成熟時就提高到建議濃度的1/2。

把幼苗直接從育苗盤移植到庭園裡不是不行，但通常並不建議這

麼做。幼苗應該先移植到比較大的容器裡，這樣幼苗才不會擁擠、過細、軟弱或容易受損。有分隔器或隔間的育苗盤可以讓緊密的根更好舒展，而且容易移植，不會對根造成衝擊。

等幼苗長出4片葉子之後，就是移植的時機。先幫植株充分澆水，然後在新容器裡填入預先溼潤的培養土到剛好快要填滿的高度。用一支攪拌棒或鉛筆在培養土的中央戳個洞，要夠深、夠寬、剛好能容納幼苗根的程度。

用一根大湯匙、湯匙柄、叉子或類似的工具，輕輕地將幼苗從育苗盤裡抬起來。小心地將幼株分開，盡量不要弄斷根。幼苗的根部應該黏著少量的土壤。

用一根大湯匙、湯匙柄、叉子或類似的工具，輕輕地將幼苗從育苗盤裡抬起來。

處理幼苗的時候要拿著它的葉，而不是拿著它的莖。假如不小心傷到幼苗，它還可以長出新的葉子，但已無法長出新的莖。

把幼苗放到你剛剛戳的洞裡，比在育苗盤裡的深度稍微再深一些，然後輕輕壓實根部周圍的土壤。

移植的植株要放在光線良好的地方，但不要接受好幾天的全日照，而是逐漸增加日照密度。如果你在多雲的天氣裡移植，容器可以直接擺到窗台上；如果要靠光線栽培，移植的植株可以馬上照射螢光燈。假如植株後來變得又高又細長，就表示它們沒有得到足夠的光線。

必要時才澆水，千萬不要讓移植的植株枯掉，而且要保持土壤均勻地溼潤，但不要整個溼透。1週澆1次水，在澆時請添加水溶性肥料，

濃度是標籤建議的一半。種植於室內的幼苗，在移到戶外庭園的前一週開始做耐寒訓練。那些柔軟且不耐寒的植株之前一直受到保護，不受風吹、寒冷和強烈日照的侵襲，而這個訓練過程能夠幫助它們適應水土，讓它們漸漸習慣新的環境。

把育苗盤移到戶外一個有遮蔽、遮蔭的地方，像是陽台或樹下。如果夜晚變冷了，就把它們移到室內。經過2到3天後，給予它們半天的日照，然後漸漸增加到一整日。在耐寒訓練期間，一定要幫植株好好澆水。請不要把移植的植株放到有蚯蚓肆虐的土地上。

● 扦插法

耐寒的薰衣草很難從種籽開始栽培，這種薰衣草的種籽往往無法長出和本來的植株一模一樣的植物，而且發芽的時間可能長達1個月。

繁殖這些植物比較理想的方法是，在春天或秋天的時候，從已經長好且至少3歲的植株上取其枝條。與其折一段5至7.5公分長的側芽，有些園藝家寧願拔下一整枝健康的側芽，上頭就會有一些較老的木質。在取下的枝條上撒激素生根粉，有助於防止腐爛和加速生根。

你為扦插所選擇的枝條，對於結果的成功與否有著極大的影響力。不要選細而彎曲的枝條，或泛黃或呈現褐色的葉子。把枝條插在溼潤、砂質的土壤裡，間隔7.5到10公分。在第一年裡要持續修剪植株，以刺激新生分枝。

● 壓條法

你也可以用壓條的營養器官繁殖法（是植物行無性繁殖的方法之

一，是由根、莖、葉等營養器官形成新個體的一種繁殖方式）來繁殖薰衣草——用土壤覆蓋住壓低的莖、梗，直到它們生根。

壓條法和扦插法都能保證新植株擁有和親本植物一樣的品質。選擇一條健康的枝梗，將你要埋起來的部分的葉子去除掉。用曲枝或鋼絲往下按住，定期檢查是否生根。讓新生的植株就地生長，直到次年，然後小心地剪斷其莖，移種到別的地方。

以壓條法繁殖薰衣草：選擇一條健康的枝梗，將你要埋起來的部分的葉子去除掉。用曲枝或鋼絲將沒有葉子的那段莖往下按住，然後蓋上土壤。

栽培地點和土壤條件

在庭園裡栽培薰衣草時，一定要挑選排水非常良好，而且能得到一天至少6小時日照的地點。

土壤裡的腐殖質對於薰衣草的生長最為重要，所以要確定你所選擇的庭園地點是富含養分的。如果土壤偏砂質或黏質，就在栽種前將大量的堆肥混進土壤中。

薰衣草喜歡稍微鹼性的土壤，pH值介在6.5和7.0之間。

在第一個夏季，任何對生長的輔助都是有用的，因為薰衣草在第一年裡長得很小，很容易在冬天被凍死。一旦穩定之後，植株要間隔約30.5公分，或者更遠，這要取決於品種成熟後的大小。

薰衣草喜歡在根部周圍蓋一點護根層。在植株基部周圍蓋上輕質

稻桿或麥桿護根層，或是約2.5至5公分厚的沙護根層，都能提高它們在冬天的存活機會。大部分的植物在冬天都需要保護。松枝、輕質稻桿或麥桿，甚至幫較大的植株蓋上一個蒲式耳籃，都有助於抵抗寒冬。

在挑選栽種的地點時，請記得盡量避免冬天時風勢強勁的地點。假如你是在較寒冷的氣候下栽種薰衣草，我會建議你選擇的地點愈接近屋子或石牆愈好。

盆栽園藝

不耐寒的薰衣草可以種在花盆裡。選擇直徑大約5到12公分、比植株根球還大的容器。選用的容器一定要有良好的排水孔，也要好好選擇排水良好的培養土。

千萬要記得，植株的根一旦潮溼了，不管受潮多久的時間，它很快便會腐爛，進而導致植株死亡。為了應付這種情況，無土的泥炭、蛭石和珍珠岩混合介質是最理想的選擇。許多預拌的無土栽培介質，都可以在當地的園藝中心得到。

盆栽薰衣草可以整個夏天都置於戶外。在夏天，這種植物需要充分的肥料，1個月使用1次20-10-20的液肥。在秋天把盆栽移到室內後，要給予薰衣草許多陽光。如果薰衣草沒有得到足夠的陽光，它們的莖會變脆弱。

順帶一提，室內的人造光源其實很有效，而且到了仲冬，植株可能還會用開花來回報你喔！

修剪

無論是長在花盆或泥土裡的薰衣草,修剪都會使它們更加迷人。

將枝梗修剪掉差不多一半的長度,不要造成任何損傷。頻繁的修剪也許會使花期延後,所以應該在大部分的花都盛開過後的初春或秋天修剪。

春天時,朝植株基部的方向將老枝修剪到新芽冒出的地方,這樣可以刺激新生枝葉,並且避免變得太過木質化(亦是培養新植株的插條一個很好的來源)。

開花後再次修剪——修短枝條和幫植株做造型——也是一個不錯的主意。修剪整齊的薰衣草小籬笆,是小型香草庭園或花園裡的絕佳緣飾植物。

採收

栽培香草最愉快的事情之一,就是採收季節的到來。薰衣草宜人芳香的花朵特別容易採收,也特別值得採收,因為它們耐久放,不需要什麼照料。記得在清晨露水剛剛變乾時,採下成熟的香草。如此一來,精油(使植物產生香氣的物質)便不會因為暴露在日照的熱度下而損耗其品質。最好不要在薰衣草潮溼的時候採收,因為要花比較久的時間才會變乾。涼快、晴朗、乾爽的早晨,是採收薰衣草的最佳時機。

陰乾法

當薰衣草花穗上大部分的花都開了,就要趁任一花朵開始凋謝前盡快剪掉花穗。從花梗上長出葉子的地方剪斷,用大牛皮紙袋包起來,

從花梗處綁成束——花朵不碰觸到紙——然後吊在乾燥、通風、溫暖且沒有陽光直接照射的地方。

風乾法

也可以在通風良好的陰涼房間裡，將花穗和花梗鋪在蓋著一張布的篩子上。請留意，在風乾的這段期間，務必保持薰衣草的枝梗不受溼熱的侵擾。

在太熱和太多陽光的地點風乾香草，會讓精油揮發和顏色褪去。如果你只想使用花的部分，在風乾時就應該把花從花梗上取下來，然後放到深色的玻璃密封罐裡，留待日後使用。

弄乾薰衣草時，也可以把它們綁成束，然後倒吊起來。這樣做雖然無法長久保持其迷人的芳香，但能夠保存它的顏色和形狀，而且之後可以用於乾燥花的擺設。這種方法同樣也適用於已經用於混搭插花中的薰衣草。

維護

採收過後，正是為植物側施（Side dress，指追肥時由溝側或植株下方撒施）點石灰或肥料的好時機。

如果你很幸運遇到較早的花期，而且住在溫暖的氣候帶，不久之後你便會遇到第二次花期。生活在較寒冷地區的人，通常有一次的收成就很開心了。

在北方，要趁採收後修剪薰衣草，此時的植株很快就會需要保護，以抵抗嚴酷的冬天。

從醫療到料理的薰衣草應用

薰衣草在近幾年似乎愈來愈受歡迎，放眼所及之處，好像都能看到帶有薰衣草芳香的寢具和沐浴用品，此外還有供你創造自己的香氛樂趣的各種薰衣草精油和香精。

不得不說，它不禁令人想起夏日的陽光，以及古早時候老奶奶屋子裡那自然流溢著的濃郁芳香，這美妙的芬芳為現代的忙碌世界創造了我們所渴望的療癒氣氛。

醫藥用途

將薰衣草用於醫藥，已行之有年。「藥學之父」迪奧斯克里德斯（Dioscorides）曾經說過，薰衣草利於「解胸中鬱結」。今日許多照顧者喜歡在病房和安養院裡放一些薰衣草，以緩解病患的憂鬱。

據說，只要嗅一嗅新鮮的薰衣草就能緩解頭痛，昔日的藥草醫生確信它能治療各種疾病，從痙攣到偏頭痛、顫抖、胸口灼熱等等，這在那個年代幾乎快被視為可治百病的妙靈丹了。

另外，它的精油據信能有效抑制性慾，這也許說明了為什麼薰衣草精油在維多利亞時代那麼受歡迎的原故。

雖然薰衣草自古代就被用於清洗，但是在歐洲的民間傳統中，它被視為一種有用的創傷藥草，以及用於兒童的驅蟲藥。

薰衣草的許多部分都可以用在醫藥上。

舉例來說，薰衣草花朵的效力雖然比其莖葉精油的效力弱，但適合用來緩解神經衰弱、頭痛和消化不良。

緩解頭痛的花香水

- 1杯玫瑰水
- 約475毫升的蘋果醋
- 1又1/2 杯的乾燥薰衣草花

1. 把薰衣草放進玻璃罐裡，倒入蘋果醋，然後放在一個陰涼、乾爽的地方，每天搖晃，為期1週。

2. 1週之後以紗布過濾，然後拌入玫瑰水。抹在太陽穴上，用於緩解因疲勞而引起的頭痛。

花朵

- 茶包。用於神經衰弱、緊張性頭痛、腹絞痛、消化不良或分娩。
- 花草精。最多可取用到5毫升，1日2次，用於緩解頭痛和鬱結。
- 漱口水。當做漱口水使用，有助於改善口臭。

精油

- 在金盞花乳霜裡加幾滴精油，可對抗皮膚問題。
- 在水裡加幾滴精油，做為日曬舒緩液。
- 將8滴精油加在水裡稀釋，當做潤絲精。
- 在無味油脂裡添加薰衣草，按摩時使用，可舒緩緊張性頭痛；出現頭痛徵兆時，以精油輕輕按摩太陽穴和頭頸部周圍。
- 以未稀釋的精油塗抹在蚊蟲叮咬的地方。

沐浴用薰衣草燕麥香氛袋

每個媽媽都知道，燕麥浴對皮膚有益，因為燕麥可以軟化水質。再添加點薰衣草，洗澡時不僅香氣四溢，同時也能達到軟化和舒緩的效果。也可以在沐浴香氛袋裡添加其他你喜歡的香草。

- 1杯燕麥片
- 大約1/2杯的新鮮或乾燥薰衣草花朵和穗頭
- 另一束新鮮香草，像是迷迭香、檸檬香蜂草和百里香

1. 混合所有的材料，放在一塊四方形的棉布或紗布中央。把四角拉起來聚在一起，綁緊，做成一個香氛袋。
2. 把香氛袋拿到水龍頭底下讓水沖——水不要太熱。洗澡時用香氛袋搓揉全身肌膚，功效會更好。

香夢枕

晚上睡覺時把這個香氛袋放到枕頭底下，可以用來放鬆起起伏伏的緊張不安。

- 1/2杯乾燥薰衣草
- 1/2杯乾燥啤酒花
- 1/2杯乾燥檸檬香蜂草

1. 把所有的材料混合在一起，然後塞到小棉布袋或紗布袋裡。
2. 放到枕頭底下。

從容地嗅嗅花香

薰衣草花朵值得你隨時擁有。將一小盆薰衣草花放在寢室，或是在探病的時候送給友人。薰衣草花一直被認為能夠安定神經，每天嗅一嗅薰衣草，可以擺脫緊張不安的情緒！

生活上的應用

很意外地，薰衣草也可以用於料理，而且一如你所預料的，能夠產生令人愉快的香氣。當然，還有其他教人舒心的運用。

薰衣草餅乾

- 1杯再加上2湯匙的中筋麵粉
- 4湯匙奶油
- 1/3杯薰衣草糖
- 2到3湯匙甜白酒
- 1撮鹽
- 16片新鮮的薰衣草葉子，細細切碎

1.將麵粉過篩到碗裡。留下1湯匙糖，將其餘的糖和鹽也放到碗裡。

2.把奶油揉進去，直到混合物變得像麵包屑一樣。在混合物中央弄一個

凹洞，加入酒和薰衣草葉子，輕輕地攪拌混勻。讓混合物醒15分鐘，每隔幾分鐘便攪拌一下，直到混合物結合起來。然後揉成一塊麵糰。

3. 在撒了麵粉的平面上擀開麵糰，直到形成約0.5公分厚的麵皮，然後用一支鋸齒刀將麵皮切成數個約2.5×7.5公分的大小。放到塗油的烤盤上，如果你喜歡的話，還可以把這些小麵皮扭成弓形。

4. 在約攝氏190度的烤箱裡烤8到10分鐘。

薰衣草檸檬水

1. 將1/2杯的乾燥薰衣草花浸在945毫升的滾水裡，大約5分鐘。

2. 過濾後，以這個湯汁取代冷凍檸檬水（或萊姆汁）混合液裡其中一部分的水。成品風味宜人又芳香！

芳香抽屜襯紙

這個氣味香甜的襯紙是一種老把戲。

它會讓整個抽屜芳香四溢，而且作法簡單到每一季你都能製作好幾份。

1. 剪下2張比抽屜邊長還大1.5公分左右的紗布，再剪下2張比抽屜還小一點的薄棉布墊。

2. 把一張棉布平鋪在桌上，在上頭撒上一層薰衣草，蓋上第二張棉布。沿著四角粗縫紗布使之固定成型，然後再讓縫接線穿過布料，將襯紙縫好。

薰衣草隔熱墊

齒葉薰衣草的整顆花穗或英國薰衣草的花，可以縫進襯墊裡，做成芳香的茶壺保暖套或放在桌上的隔熱墊，茶水的熱度會使香草的香氣散溢出來。

1.剪下2張邊長25公分的正方形，做為縫布。

2.將2張布貼在一起，四邊對齊，將三個邊縫起來。

3.把正面向外翻出來，塞入以輕薄棉布和薰衣草填料製成的襯墊。用捲邊縫將開口縫起來。

薰衣草香氛蠟燭

香氛蠟燭買起來所費不貲，幸而製作方法不難。薰衣草能做出氣味宜人的香氛蠟燭，這種蠟燭只是讓你在家享受芳香的另一個方法。

- 905公克的石蠟
- 2支彩色蠟筆或1份蠟燭顏料（選擇性的）
- 2杯薰衣草花穗，或4杯新鮮花朵
- 蠟燭鑄模（舊罐子就很好）
- 凡士林
- 燭芯

1.把石蠟打成好幾個小塊，然後放到碗裡，以平底鍋隔水加熱來融化蠟。熱度要維持得很低，並且細心監看，因為石蠟是極易燃的物質。如果有使用顏料，請慢慢拌入。

2.把熱蠟從火源上移走，然後加入薰衣草。在鑄模裡塗上一層凡士林，

然後在每個鑄模裡放一條燭芯，這樣燭芯才能碰到底部。把鉛筆架在鑄模的邊框上，讓燭芯的一端繞在鉛筆上，如此一來，當你倒入熱蠟時，燭芯才會立在中央。

3.等蠟冷卻成凝膠狀時，再把它倒入鑄模，然後靜置一整夜。

蒔蘿 栽培與運用

它是北歐料理的靈魂，
所有的芬芳與美味，
全因它而生……

栽培屬於你的蒔蘿

假如你從未栽培過1年生香草，那麼蒔蘿是很好的開始。因為不管你對它做了些什麼，它都會長得很茂盛！

我強烈建議你從種籽開始栽培蒔蘿，就播種在你想要植株生長的地方，不要買現成的植株去移植，或是於初春時以種籽在室內育苗，然後再移到戶外。

儘管種蒔蘿一定會成功，但是它的莖很脆弱，很可能在移植的過程中便輕易地被折壞，這點請多加留意。

蒔蘿

我曾經見過它被列在不可能移植的植物名單上，雖然我強烈懷疑這一點，但是移植它仍是一件不簡單的任務。

無論如何，我找不出任何移植蒔蘿的理由。所以，不妨在初春時將蒔蘿的種籽埋到土裡，它們會發芽得又快又好。

取得種籽

你必須做的第一件事情是，決定你的蒔蘿是要提供你大部分的綠色葉梗做為香草使用，還是提供主要用來做泡菜的種籽。當然，還有第三種選擇——你可以先使用綠色的部分一陣子，然後再讓植株結種籽。

假如第三種選擇是你要的，你幾乎可以在每家超市和大部分的五金行及園藝商店裡找到一包包的蒔蘿種籽。

何時、何地與如何栽培

　　就像其他的香草和蔬菜一樣，蒔蘿也很喜歡陽光。栽培蒔蘿的理想地點是全日照，但它是可以妥協的植物，在半日照的條件下也能夠長得很好。

　　因為蒔蘿可以長到90公分高，所以你最好把它安排在香草庭園的後方，這樣它才不會（幾乎）遮住其他植物的陽光。

　　由於身高優勢，蒔蘿在與其他花草或蔬菜混栽時也能夠茁壯成長。它茂密得像蕨類一樣的葉子，在庭園裡能夠創造出和花束裡的蕨類一樣的效果。如同前面提過的，要確定它不會搶走任何植物的陽光——或是不會被其他也很茁壯的植物搶走它的陽光。

　　說到播種的時機，蒔蘿是一種喜歡涼爽的植物。如果你住在酷寒之地，那麼便要在初春時播種。種籽包裝袋背面的說明會告訴你，要等到平均終霜日之後，但你可以稍微作弊一下！因為發芽需要10到21天的時間，所以你至少可以在平均終霜日前先播種。

　　然而，假如你住的地方沒有嚴霜氣候，你便可以自仲秋開始至初春期間播種（台灣主要概分為春植〔3至6月〕及秋植〔9至11月〕兩個播種期）。

　　不管你使用哪一種方法，貯存足夠的種籽和每10天左右播種一次，都是個好主意。假如是在寒冷地區的庭園，你會發現蒔蘿收成的時機是在春天或初秋。

　　我讀過不少文章，都說這種香草實際上喜歡生長在貧瘠的土壤中。我以前很相信，也真的照做了，但現在我堅信，任何香草在肥沃的優質土壤中會長得更好。所以，在你種植蒔蘿且希望得到豐收的地方調

理土壤吧，就像你栽培任何其他的香草一樣：精心地調理、施肥、摻入一些腐熟糞肥、徹底耙鬆。

播種的深度是0.5到1公分，然後輕輕壓實土壤。充分澆水，直到新芽從土裡探出頭來。

不過關於植株的間隔，我和傳統智慧又再次產生分歧的看法。別人一遍又一遍地告訴你，要為蒔蘿疏苗，直到它們的間隔有60公分寬。但我不一樣，我建議你將它們種成一小簇一小簇的，彼此間的距離不超過30公分寬，即使是15公分的間距，效果也很好。但是不管用哪一種方法，都保證你能得到豐富的收成。

可以用容器栽培蒔蘿嗎？當然可以。但是要記住，你的植株會長得很高，所以相對的，你要使用比較深的容器。

蒔蘿的採收與保存

當然，採收漂亮的蒔蘿作物有兩種方法——採收蒔蘿草和採收蒔蘿籽。自然地，這兩者必須在不同的時間採收。

在成長季節裡，你只要走到庭園摘下你下一餐所需份量的蒔蘿就好了，但如果你的收成豐碩，而且想保存那些收成，可以試試用微波爐弄乾。只要在紙巾上鋪一層蒔蘿，然後以高功率微波3分鐘，結果會令你非常滿意——你會得到色澤鮮綠、十分乾燥、又美味得不得了的蒔蘿。在微波之後，拿掉硬梗並丟棄，然後用你的手指將葉子捏碎。記得收進密封罐裡，放到避免太陽照射的地方，才能保存住最佳風味。

就像其他的1年生植物一樣，如果你給蒔蘿機會的話——換句話說，如果你讓它開花但是不修剪它——它會以迅雷不及掩耳的速度結種籽（另外也要記住，植株開花之後，你就不能再得到漂亮的綠葉了）。所以要持續修剪蒔蘿，直到你想改為收成種籽為止。到那時就不要管植株，直到它開花結種籽。一定要確定種籽有乾透，然後剪掉傘狀種籽穗，把它們放到袋子裡（例如雜貨店紙袋），再用你的手指取出種籽。最後貯存到密封罐裡。

用蒔蘿做料理

開胃菜

英文字Appetizer（開胃菜）原來的意思，是指在用餐前吃點好吃的東西，以刺激胃口。不過，據悉有些人會用開胃菜做一整道正餐（儘管不見得是符合食物準則的正餐）。這裡提供一些讓你著手的範本。

搭配蔬菜或脆乾餅的蒔蘿沾醬
（成品約355毫升）

當你需要來份快速沾醬時，用手邊隨時有的東西來做是最理想的，這裡就有一個完美的範例。把材料都混合在一起之後就可以立即享用，不過，在冰箱裡放一陣子，滋味會稍微更好些。

是的，你可以使用低脂酸奶和美奶滋。

- 155毫升酸奶
- 155毫升美奶滋
- 2湯匙切碎的洋蔥或細香蔥
- 1湯匙切碎的芹菜或1/2茶匙芹菜籽
- 1湯匙切碎的新鮮蒔蘿或1茶匙乾燥蒔蘿草

1. 把所有的材料都放到一只小碗裡混勻。

2. 蓋上蓋子，放在冰箱裡一整夜——如果你有這樣的時間的話。要不然也可以馬上使用。不管是哪種情況，這種沾醬可用於任何生的蔬菜或稍微汆燙過的蔬菜。

蒔蘿手捲

（12到14份）

這是需要來點開胃菜的時候，能夠出手即成的小東西。它們當然也很美味！你可以把它們放在冰箱裡好幾天，或是放在冷凍庫裡好幾個月，讓你隨時可用。

- 90公克奶油起司或納沙特蘭乾酪（Neufchatel）
- 2湯匙酸奶
- 1湯匙辣根
- 1湯匙切碎的新鮮蒔蘿或1茶匙乾燥蒔蘿草
- 20片火腿、牛肉片，或任何種類的冷盤薄片

1. 把奶油起司或納沙特蘭乾酪（奶油起司的減脂版本）搗碎，和酸奶、辣根及蒔蘿拌在一起。

2.把步驟1的混合物塗在火腿片、牛肉片或任何你所用的肉片上,並捲成像小雪茄似的小捲。

3.用保鮮膜包起來,放到冰箱裡,直到你需要用之前再取出來(或是包好,冷凍起來。這樣的話,要在出餐前15分鐘取出來,放在常溫下退冰,將它們分開時才不會有問題)。

湯品

有些你所遇過最好喝的湯,是在明智的決定下加了1到2撮蒔蘿而鮮活起來的湯品。

以下是這類湯品的一些食譜,但是要記住,蒔蘿用在罐頭湯上也能夠化腐朽為神奇。

這邊給你一個建議,你如果是新手,可以嘗試在罐頭雞茸奶油湯或豌豆湯上撒點乾燥蒔蘿(乾蒔蘿草),相信我,你會大為驚奇!從現在起不如自己試試,將蒔蘿用在這些自製湯品上吧。

熱甘藍羅宋湯
(6到8份)

羅宋湯是一道很棒的俄羅斯湯品,源自於兩種截然不同的風格——以甘藍菜為基底的熱湯版本、以甜菜為基底的冷湯版本。依我所見,它們只有兩個共同點:它們的名字及內容物都含有蒔蘿,或至少以蒔蘿為裝飾。

這個熱湯版本是寒天裡的理想湯品，待會兒你也會看到冷甜菜羅宋湯。若要將熱羅宋湯做成一道真正完整的正餐，就加一些嫩煎5分鐘的波蘭香腸片吧。

- 1顆甘藍菜
- 1杯胡蘿蔔片
- 1杯芹菜珠
- 1顆紫頭蕪菁，去皮，切丁
- 1顆大甜菜，去皮，切丁
- 1.5公升牛肉高湯
- 1罐455公克的番茄糊
- 鹽和現磨黑胡椒
- 2顆大洋蔥，切薄片
- 1茶匙蒜末
- 3湯匙培根油或橄欖油（或混合使用）
- 3顆中型馬鈴薯，去皮，切丁
- 1/4杯切碎的新鮮歐芹
- 6湯匙切碎的新鮮蒔蘿或2湯匙乾蒔蘿草
- 120毫升酸奶，或更多

1. 在一只大湯鍋裡倒入牛肉高湯，把甘藍菜、胡蘿蔔、芹菜、蕪菁和甜菜放進去以中火悶煮，大約5分鐘。

2. 拌入番茄糊，加點鹽和黑胡椒（之後你可以再多添點）。蓋上鍋蓋，以小火悶煮2小時。

3. 用培根油或橄欖油以文火微炒洋蔥片和蒜末5分鐘，然後和馬鈴薯丁一起放入湯鍋裡。蓋上鍋蓋，再悶煮半小時。

4. 試一下味道，如果有需要的話，再加些鹽和胡椒。把歐芹和蒔蘿混合在一起，取3湯匙這種混合物，拌入湯裡。

5.用大湯盤或碗出餐，將酸奶和其餘的歐芹蒔蘿混合物放在一旁，供用
   餐者自行取用。

蒔蘿香菇湯
（4人份）

這個特別的食譜，仿自新罕布什爾州弗蘭科尼亞城糖磨坊客棧的
一道令人讚不絕口的菜餚。

- 1/4杯奶油，分次使用
- 2杯洋蔥，切成小塊
- 340公克香菇，切成小塊
- 1湯匙切碎的新鮮蒔蘿或1茶匙乾蒔蘿草
- 480毫升雞湯，分次使用
- 2茶匙醬油
- 1/2茶匙紅椒粉（Poprika紅甜椒粉）
- 2湯匙麵粉
- 480毫升牛奶
- 鹽和現磨黑胡椒
- 120毫升酸奶（如果你想的話，可以用低脂的）
- 現榨的1/2顆檸檬汁

1.將2湯匙奶油放到一只中型平底鍋裡，以中火融化。加入洋蔥，煮幾
   分鐘，直到洋蔥變得軟綿綿的，期間偶爾攪拌一下。

2.加入香菇、蒔蘿、120毫升雞湯，以及醬油和紅椒粉。攪拌均勻，然
   後轉小火，蓋上鍋蓋，悶煮15分鐘。

3.現在（也就是同一時間！）來做白醬。將剩下的2湯匙奶油放到另一

只中型平底鍋裡以中火融化，打入麵粉，攪拌3到4分鐘，然後加入牛奶。繼續攪拌，直到混合物變得濃稠、滑順。

4.把剩下的雞湯和步驟2的香菇混合物倒到白醬裡，再加入鹽和胡椒調味，蓋上鍋蓋，以小火悶煮約15分鐘。

5.如果這樣就夠了，那麼你可以先停在這裡，只要出餐前再熱過即可。不管怎麼樣，當你準備要出餐時，別忘了還可以拌入酸奶和檸檬汁。

冷甜菜羅宋湯
（4到6人份）

前文中曾提到，要提供另一種羅宋湯食譜。這個冷湯版本，除了甜菜之外沒有其他蔬菜，但是它的每一口都和以甘藍菜及其他蔬菜所做成的熱湯版本一樣好吃。

做這道湯一點都不難，但為了應付偶然的緊急情況，在大部分超市的猶太潔食區，都有一種很棒的罐裝冷羅宋湯。我有過這樣的經驗，放一罐這種東西在冰箱裡，在酷熱的夏天簡直可說是幫了大忙。我只要把它倒進碗裡，再倒進一些酸奶，撒點蒔蘿，馬上完成了一道可口的冷湯。然後就可以開動囉。

- 680公克生甜菜
- 1400毫升的水
- 2湯匙紅糖
- 80毫升現榨檸檬汁或醋
- 出餐時用的酸奶和蒔蘿

- 鹽和現磨黑胡椒

1. 把甜菜擦洗乾淨，然後磨碎，和水、紅糖、檸檬汁、鹽和黑胡椒一同放到一只中型平底鍋裡；或是在放到平底鍋之前把所有的材料一起放入食物處理器攪拌。

2. 不要蓋上鍋蓋，以中火煮，直到甜菜變軟為止——大約半小時（或是放到微波專用器皿中微波10到12分鐘）。

3. 徹底冷卻。

4. 出餐時在每一碗湯裡放一團酸奶，並且撒上大量的新鮮碎蒔蘿（或是混合著新鮮碎歐芹和乾蒔蘿草）。

肉類、禽肉和魚

蒔蘿燉羊肉！蒔蘿酸奶牛肉！蒔蘿悶雞！蒔蘿燴魚片！好難決定這些菜裡哪一道是我最喜歡的——我敢說，你也是。

蒔蘿燉羊肉
（4人份）

依我看，這是世界上最令人垂涎不已的菜餚之一。假如這份食譜對你來說有點兒長，而且你發現清單上的材料有點令人想打退堂鼓，那麼你也可以自創一個類似的版本。

就用你自己最喜歡的愛爾蘭燉羊肉，然後加入1湯匙醋、1湯匙糖和1湯匙新鮮碎蒔蘿或1又1/2茶匙乾蒔蘿草。

- 約900公克用來燉煮的羊肉，切好

- 2顆中型洋蔥，去皮，切成4等份
- 2顆大型馬鈴薯或蕪菁（或是各用1顆），去皮，切丁
- 鹽和現磨黑胡椒
- 1片月桂葉
- 3湯匙切成小段的新鮮蒔蘿或1湯匙乾蒔蘿草，分次使用
- 2湯匙奶油
- 2湯匙麵粉
- 1湯匙醋
- 1湯匙糖
- 1顆蛋黃，稍微打散

1. 把羊肉、洋蔥和馬鈴薯放到一只大平底鍋裡。倒入足夠的滾水，蓋過食材。加點鹽和黑胡椒、月桂葉和1湯匙新鮮碎蒔蘿或1茶匙乾蒔蘿草。蓋上鍋蓋，以中火煮1小時，或直到肉和蔬菜變軟為止。

2. 過濾鍋中食材後進行測量，並保留燉肉過程中所形成的高湯，如果沒有達到475毫升的量，就加點水。接著把羊肉和蔬菜放回鍋裡。

3. 在中型平底鍋裡以中火融化奶油，拌入麵粉。一邊煮一邊攪拌，經過3到4分鐘後，加入剛剛保留下來的高湯。一直攪拌，直到醬汁煮滾且變得滑順濃稠。加入剩下的蒔蘿、醋和糖，以鹽和胡椒調味。

4. 把調味過的醬汁再悶煮2到3分鐘，然後從火源上移開，拌入蛋黃。

5. 把醬汁拌到肉和蔬菜裡。

蒔蘿燴鰈魚片

（4人份）

若想做出有水分的魚片，祕訣在於：在香料高湯中慢煮。還有什

麼比以大量蒔蘿調味的韭蔥高湯更馨香呢？當然，你也可以用任何其他的魚片來取代。

- 480毫升雞湯
- 3枝中型韭蔥
- 鹽和現磨黑胡椒
- 680公克鰈魚片
- 2湯匙重鮮奶油
- 3湯匙切成小段的新鮮蒔蘿或1湯匙乾蒔蘿草

1.把雞湯倒入一只有蓋的大平底鍋裡，以大火煮滾。

2.趁煮湯時修整韭蔥，切掉根部和大部分的綠葉。

　將韭蔥從縱向切成兩半，緊接著拿到水龍頭底下小心地沖洗，最後切成0.5公分厚的片狀備用。

3.當雞湯濃縮成一半時，轉小火，加入韭蔥蔥花。悶煮5分鐘，然後加入適量的鹽和黑胡椒調味（而且一定要嚐嚐看——雞湯可能含有相當多的鹽）。

4.把魚片放入鍋裡，蓋上鍋蓋，關掉火（我說過是慢煮了，對吧？如果你使用的是電磁爐，這個方法的結果會很令人滿意，因為瓦斯爐頭會壓抑住一部分火力。但假如你用的不是電磁爐，你也許必須繼續煮魚片，不過煮的時間要盡可能的縮短）！4分鐘之後檢查煮熟度，當刀尖戳入時沒遇到任何阻力，那就表示魚肉熟了。假如肉不夠熟，就每隔1分鐘檢查一次。

5.拌入鮮奶油和蒔蘿。

6.出餐時撒上韭蔥並淋上一點雞湯。

蛋和起司

在炒蛋時丟一點蒔蘿進去，或是用一點這種富麗的香草來讓起司烤盅更顯出色。當然，你也可以試試以下的食譜！

蒔蘿洋蔥鹹派

（4到6人份）

在這道食譜中，使用新鮮蒔蘿是很重要的，因為是在鹹派要出餐時才撒上去。不過，假如無法找到新鮮的蒔蘿，你可以用1湯匙歐芹與1茶匙乾蒔蘿草的比例來混合碎歐芹（特別是平葉的義大利品種）和乾蒔蘿草。

還有，當我自己要做這道菜時，我會把蛋、起司（塊狀的就可以）、鮮奶油、1又1/2茶匙蒔蘿，再加上肉豆蔻果仁、鹽和胡椒，一起放到食物處理器或攪拌機裡拌勻。

- 直徑48公分的深派皮（冷凍派皮也可以）
- 3顆大型甜洋蔥（例如德州甜洋蔥等品種），切片
- 3湯匙奶油
- 1湯匙橄欖油
- 5顆蛋
- 340公克瑞士起司
- 120毫升重鮮奶油或低脂鮮奶油
- 3湯匙切成小段的新鮮蒔蘿或1湯匙乾蒔蘿草（見上述說明），可以分次使用
- 1撮肉豆蔻果仁
- 鹽和現磨黑胡椒

1. 將烤箱預熱至攝氏177度。

2. 派皮烤15分鐘。

3. 以中火用奶油和橄欖油炒洋蔥，直到洋
   蔥變軟，然後放入半熟的派皮裡。

4. 在一只大碗裡把蛋打散，將起司切條放進去。接著加入鮮奶油、一半
   的蒔蘿、肉豆蔻、鹽和胡椒。最後倒入派皮，蓋在洋蔥上頭。

5. 烤40分鐘，然後從烤箱裡取出來，靜置至少10分鐘。出餐時撒上剩下
   的蒔蘿。

蔬菜與沙拉

　　我實在想不到有哪一種蔬菜是加了一點蒔蘿之後，風味無法被提
升的。

　　雖然我無法用短短的幾頁帶你看過每一種可能的蔬菜，不過我在
以下列出了幾種你能做到的最佳範例。

　　相信我，蒔蘿也可以成為沙拉中的明星，只要拿一點蒔蘿切碎或
切成小段，然後撒在任何沙拉上，或是把它加到你認為最開胃爽口的沙
拉淋醬裡，它將讓你感受到何謂美味與驚奇。

蒔蘿糖汁胡蘿蔔

（4人份）

　　我認為每個人的料理清單上都可以再多一種胡蘿蔔的料理方式，
尤其是像這種那麼好的食譜（更別說那些特別好的食譜了）。

- 2杯新鮮胡蘿蔔薄片
- 2湯匙奶油
- 1茶匙法式第戎芥末醬
- 1湯匙糖
- 1湯匙切成小段的新鮮蒔蘿或1茶匙乾蒔蘿草
- 鹽和現磨黑胡椒

1.鍋裡的水要蓋過胡蘿蔔，煮到變軟為止。然後把水瀝乾。

2.將煮好的胡蘿蔔和其他材料放到一只中型平底鍋裡，以中低火烹煮，常常攪拌，直到食物呈現光澤。試吃一下，確定調味料放得剛剛好。

3.可以趁熱食用，或待1至2小時後加熱再食用。

烤蒔蘿球芽甘藍
（4人份）

用一道令人驚豔的菜餚讓你的感恩節晚餐（或任何一餐）錦上添花，就像這道菜一樣。

雖然這道食譜是4人份，但是你可以將份量擴增3到4倍，當然，是用大一點的烤盤來做。還有，如果你想的話，你可以在煮和烤兩個階段之間稍停1至2小時。

- 455公克新鮮的小球芽甘藍
- 1湯匙紅酒醋
- 2湯匙切成小段的新鮮蒔蘿或2茶匙乾蒔蘿草
- 鹽和現磨黑胡椒

1.將烤箱預熱到攝氏177度。

2.修剪球芽甘藍，在每一顆小甘藍上用刀切出一個十字，深至基部。

3.把球芽甘藍放入一只中型大平底鍋的滾水中，水要蓋過甘藍菜，煮10
分鐘。

4.倒入濾盆將水瀝乾，然後趕快浸到冷水裡，以免過度軟化。

5.把球芽甘藍倒進一個塗上奶油的小烤盤裡，拌入醋、蒔蘿、鹽和胡
椒，然後蓋住（有需要的話可以使用鋁箔紙）。接著烤10分鐘，然後
拿掉覆蓋物，再烤5分鐘。

蒔蘿嫩馬鈴薯
（4人份）

　　我全家都很喜歡小顆的馬鈴薯，尤其是直接取自農場的，那樣的
新鮮及大小總讓人愛不釋手。

　　不過，超市裡通常也有賣小馬鈴薯。最近，我看到有人把小馬鈴
薯放到小塑膠容器裡販售，標價昂貴，上頭寫著「美味馬鈴薯」。只要
水煮或烤過，然後搭配奶油食用，這些馬鈴薯就變成人人喜愛的食物，
但用蒔蘿料理之後，它們會更好吃。

- 455公克小馬鈴薯（每顆大小都差不多）
- 1湯匙切成小段的新鮮蒔蘿或1茶匙乾蒔蘿草
- 1/4杯蔥花
- 1湯匙奶油
- 鹽和現磨黑胡椒

1. 在每顆馬鈴薯中央削去一圈皮（除了可以讓風味滲透蔬菜，也能讓馬鈴薯看起來很可愛！不過，這不是必要的步驟，如果你不想做，也可以省略）。

2. 把馬鈴薯放到一只中型平底鍋裡，注入水，蓋過馬鈴薯。開蓋煮滾，直到變軟。

3. 把水瀝乾（可以保留湯水，待以後做湯或麵包時使用）。加入蒔蘿、蔥花、奶油、鹽和胡椒，再煮1至2分鐘。

紅皮馬鈴薯拌蒔蘿

（4到6人份）

很久很久以前，「稱職」的廚師作夢也想不到，在做馬鈴薯沙拉時竟然不用削馬鈴薯皮了。現在一切都不同了，「紅皮馬鈴薯沙拉」被認為是潮流，尤其是當沙拉像這一道菜一樣，被料理得這麼美味。

- 約900公克的紅皮馬鈴薯
- 3湯匙義大利香醋（巴薩米可醋）
- 3湯匙芥花油或橄欖油
- 275毫升洋蔥末
- 1枝芹菜梗，切成珠
- 1顆甜椒（紅色、綠色或任何你所選擇的顏色），剁碎
- 3湯匙切成小段的新鮮蒔蘿或1湯匙乾蒔蘿草
- 鹽和現磨黑胡椒
- 120毫升美乃滋（可自行選擇，不過許多人都覺得馬鈴薯沙拉必須加美乃滋——這樣做當然無妨！）

1.把馬鈴薯放到鹽水裡滾，直到剛好變軟。把水瀝乾，然後趁熱切成一口的大小（馬鈴薯別削皮——你當然想看到那些紅色的皮），把馬鈴薯放到碗裡。

2.趁著煮馬鈴薯時，用義大利香醋和芥花油做油醋醬，並趁著馬鈴薯塊還熱時淋在上頭。

3.加入其餘的材料，然後晃勻。最後冷卻，蓋上蓋子。

蒔蘿佐冬南瓜

（4到6人份）

我好愛這道菜。冬南瓜是個好東西，對你也很有益處，但是依我看，它確實需要一些調劑。只要一點點蒔蘿和酸奶，就能把它變成廚房裡的明星。

在今日的許多市場中，你都能找到去皮、去籽的冬南瓜（通常是胡桃南瓜），而且有時候甚至已經幫你切好了。這是一大美事，所以我極力建議你放心地接受它，不用感到不安。另一種便捷的方式是購買冷凍的南瓜泥，我再說一遍，讓自己的生活輕鬆一點不需要感到不好意思。冷凍冬南瓜泥是一項好產品——而且對烹飪來說真是助益良多。

- 2茶匙糖
- 鹽和現磨黑胡椒，適量
- 120毫升酸奶（可以用低脂的）
- 1湯匙切碎的新鮮蒔蘿或1茶匙乾蒔蘿草
- 約900公克的冬南瓜，削皮，去籽，切塊（或是2包285公克的冬南瓜泥——見上述說明）

1.如果你用的是生的冬南瓜切塊，就把南瓜放進一只中型平底鍋裡，以大約超過2.5公分高的水蓋過，煮滾，然後一直煮到變得很軟。如果你用的是冷凍南瓜，只要解凍就行了。

2.把煮南瓜塊的水瀝乾，然後將南瓜搗碎，放入一只中型平底鍋裡或雙層鍋的上層。如果你使用的是冷凍南瓜泥，就在解凍後放到鍋裡。

3.加入蒔蘿、酸奶、糖和鹽，緩緩加熱。以小火加熱時別忘了要一邊攪拌，或用雙層鍋慢慢加熱。

4.在出餐前撒上一些研磨胡椒（雖然說是「一些」，但事實上份量「相當多」）。

泡菜

當你說「蒔蘿」的時候，大部分的人會立刻想到泡菜。我們到處都看得到蒔蘿泡菜，它讓每個熟食三明治更有滋味，和洋芋片也搭配得恰到好處。

但是大多數人不知道的是，自己製作蒔蘿泡菜其實很簡單，而且比市售的還要好吃。請務必試試看，我保證你一定會愛上它！

在製作泡菜的時候，我不會鉅細靡遺地叮嚀你要用無菌罐、浸熱水等等。所以我建議你參考一些還不錯的醃製和／或做泡菜的書，可以有效提升成功率與美味程度。

在製作所有的酸黃瓜時，只能用小型、未打蠟的「科比」（Kirby）小黃瓜，你在大部分的市場都可以找得到。在以梗子上的蒔蘿籽做泡菜時，記得要使用已經成熟且結種籽的植株、但是沒有熟到種籽已經掉落且碎裂的那種。

鄉村蒔蘿泡菜

（完成品為4公升）

這就像我們在鄉下的爺爺奶奶所吃過的自製泡菜，那種要從大桶或大缸裡撈出來的泡菜。

那是「冷裝泡菜」，它的理論是，鹵水裡的醋和鹽能夠防止任何毒素的發展。但是現在，我們大多數人都很害怕食物中毒，為了預防萬一，還是換個作法吧。

所以我要提供你另一種版本，裡頭含有煮沸的醋和水，而且瓶子是密封的，可說是萬無一失。

- 1湯匙綜合醃漬香料
- 約2公升的醋
- 4顆帶梗子的蒔蘿種籽穗
- 約1公升的水
- 4片蒜瓣
- 4杯猶太鹽或其他粗鹽
- 約4公升的「科比」酸黃瓜

1. 消毒四個容量約1公升左右的瓶子（試著找到4個廣口瓶）。

2. 把醃漬香料分為4等份，分別放入4個瓶子裡，然後在每一個瓶子裡放進帶梗子的蒔蘿種籽穗。把蒜瓣去皮，也分別放入瓶子裡。

3. 好好擦洗酸黃瓜，然後放入瓶裡，盡量擠進去。

4. 把醋、水和鹽放入一只抗化學反應的中型平底鍋裡，然後煮滾。之後倒進瓶子裡，必須使水面距離瓶口的高度小於1.5公分。最後記得要封起來。

5. 要克制自己，至少一個禮拜不能吃那些泡菜！

蒔蘿四季豆泡菜
（完成品為2公升）

並非所有蒔蘿口味的泡菜都是以小黃瓜為基底。舉例來說，在美國南部你會看到秋葵蒔蘿泡菜，好吃到不行，還有那些用菊芋做的泡菜也是。也有人把胡蘿蔔和小小的綠番茄拿來做蒔蘿泡菜。

此外還有「蒔蘿四季豆」，以前在精緻的食品專賣店裡會裝在瓶子裡販售。也許現在仍是這樣，只不過我已經許久沒看到了。

所以自己動手做吧！它們會是小兵立大功型的開胃菜，而且我看過有人用它來取代馬丁尼裡頭的橄欖、捲曲的檸檬皮或酸洋蔥。

- 2公升的四季豆，大小一致
- 4大枝蒔蘿
- 2茶匙鹽
- 再準備1680毫升的水
- 2公升的水
- 240毫升蘋果醋

1. 修剪四季豆的頂端和末端，如果有需要的話，撕掉任何絲線（現在的四季豆幾乎沒有絲線，好像是經過人工繁殖消除掉了）。

2. 把鹽和2公升的水放進一只大的平底鍋，煮滾、攪拌至鹽溶解。四季豆倒進去，煮5到7分鐘，或直到呈軟脆狀。把水瀝乾，不用保留。

3. 趁煮豆子的時候消毒2個1公升或8個240毫升的廣口瓶。把四季豆裝進瓶子裡，再把蒔蘿平分到每個瓶子裡。

4. 把1680毫升的淡水和醋一起放到一只中型平底鍋裡，煮沸。最後倒進瓶子裡，封好。請靜置至少2週後再食用。

9

栽培與運用

它是「來自海洋的露水」，
迷人的氣味把記憶凝結成琥珀，
雋永成莎士比亞筆下回憶和紀念的象徵。

種植與栽培

迷迭香在冬季溫和的戶外長得最好。其名源自拉丁文*ros marinus*，意思是「海之露水」，顯現出該植物的栽培需求。它極喜愛地中海那種排水良好的砂質海岸，可以一邊享受全日照陽光，一邊接受「海之露水」的滋潤。

對於每到冬天就把觀賞用迷迭香移到室內呵護的我們來說，有些必要條件是將迷迭香成功栽培為室內盆栽植物的訣竅：涼爽、陽光、排水良好和常態的水氣。

迷迭香

這些條件的重要性，怎麼強調都不為過。總是把迷迭香當成室內盆栽植物來呵護的人可以試試看，尤其是水氣那一項，你必定成功在望。事實上，水氣和溼度對於迷迭香的健康和活力來說相當重要，我建議手邊隨時準備一瓶噴霧器，幫一堆植物噴水只要幾秒鐘的時間（溼潤的空氣對人本身也有益處）。

排水性

無論是室內或室外的盆栽，需留意澆水這件事對於迷迭香的健康至關重要。水澆太少可能很糟糕，但水澆太多也是個災難，因為迷迭香的根會腐爛，枯竭的速度快到令你摒息，毫不留情。

適當的排水——絕不允許水滯留在植物的盆托裡，而且在距離你下次澆水前的這段時間，要想辦法讓植株慢慢變乾——會是個很好的預

防措施。把盆栽放到一個大托盤裡的卵石床上也有預防效果，當水排放到卵石間時，水蒸散而成的水氣會提供迷迭香所需要的溼度。

警語：如果你在迷迭香盆栽外再套一個裝飾性容器（雙花盆栽培），就要在外層的盆子上鑿個排水孔，才不會使植株泡在水裡。也就是說，你必須時常觀察雙花盆栽培的植物。

日照光線

如果沒有朝南、朝東或朝西的向陽窗戶，請試著在植物生長燈下栽培迷迭香（事實上，任何冷色螢光燈都可以）。這個方法好得不得了，除此之外，還能使陰暗的角落變得明亮。記住，迷迭香每天需要至少6小時的日照才能生長茂盛。不悶熱的日光浴室就很理想。

施肥與護根層

任何盆栽植物最後都會耗盡土壤裡的養分，所以我建議每個月施以優質的室內盆栽植物肥料。我喜歡經常少量地替換幾種不同的品牌。

我們偶爾對迷迭香施用瀉鹽（硫酸鎂），在殺死蟲子的同時，它也能提供一種營養素——鎂。使用比率是每1公升溫水加1茶匙瀉鹽，它是促使植株莖更強健、香氣更濃郁的「祕方」。

在戶外，迷迭香在庭園裡可以長得很茂盛，浸淫在盡情蔓延和大力生長的自由中。在冬天氣候溫和或溫暖的地區，迷迭香會自行以壓條法繁殖，尤其是在陽光充足、排水良好的河堤，所以它也曾被稱做「雜草」。每年秋天我們會在庭園裡用骨粉、過磷酸鈣和一些石灰來照顧迷迭香，這些肥料在植物需要時很有用。

堆肥和護根層是很好的補充，能夠在為植物緩緩提供養分的同時抑制雜草。在很炎熱的地區，護根層是幫助穩定土壤溫度的關鍵，否則土壤溫度可能高達攝氏54度。

溫度

迷迭香若在低於攝氏-12度的地方是不太耐寒的。在比較寒冷的區域，一旦有輕霜，便是向我們示意植物是時候應該被移到盆子裡、搬到室內了。迷迭香能夠忍受的寒冷可達攝氏-2度，所以我在9月時把迷迭香種在花盆裡，讓它們在被移到戶外的11月中旬之前，有時間適應根所受到的限制。

在陽光燦爛的秋日，用花盆栽培植物是一件令人心曠神怡的事情。我準備好混著沙子和堆肥的新鮮培養土、排水材料（回收的泡泡粒很輕巧又容易取得）、各種大小的同款花盆和一把鋒利的修剪刀。然後開始修剪植株的根，塞進花盆之後尚有寬裕的空間，不會讓它們擠成一團，另外，也需要細心的稍微修剪一下枝芽。我和植物溝通、幫它們澆水，然後把它們放到陰影處，讓它們在新家舒適地成長。

種在戶外花盆裡的迷迭香，很能忍受寒冷的夜晚，特別是以塑膠紙包裹的話。然後次日霧氣繚繞的清晨，正是它們安定地窩在花盆裡強化自我、以應付即將到來的室內生活（經常乾熱且陽光不充足的環境）所需的條件。

在冬季溫和的日子裡，我會將栽培的一系列迷迭香移到戶外，讓它們呼吸新鮮空氣。如果氣象預報的結果是好天氣，可以投其所好，讓它們待在戶外幾天。

搬移植株是有點兒麻煩的事，但那是值得我們去努力的。我可以聽到迷迭香心懷感激的對我低語：「謝謝。」

繁殖迷迭香

用種籽繁殖

種迷迭香並不難，雖然種籽有時候是不可靠的，但我們還有其他方法。

如果你想試試用種籽繁殖，方法如下：在一盆溼潤的珍珠岩中播種。為什麼是珍珠岩呢？因為它的排水功能比較好。蛭石和泥炭苔的含水量太高，即使是迷迭香的種籽，也討厭太多的水分。貼上標籤，記下你播種的日期，把盆子放在透明塑膠袋裡，從上頭封住，然後擱在一旁。發芽率有時候只有10%，而且通常需要2到3週的時間，不過從底部加溫也許會稍快些。你可以透過塑膠袋觀察生命誕生的奇蹟。

當種籽發芽時，打開袋子讓新芽接觸陽光和空氣，然後開始細心地澆水。為了防止苗枯病（由土壤中會摧毀幼苗的病原微生物所導致的一種情況），要用甘菊茶為幼苗澆水和噴水（以2杯水煮1個茶包，直到茶水呈現金黃色。過濾、冷卻後，直接放到噴霧瓶裡，以便隨時使用）。洋甘菊是一種天然的殺菌劑，能夠有效照顧易患苗枯病的幼苗。

扦插繁殖法

由於種籽發芽需要時間，發芽之後它最多還需要2年的時間才能長

成適當大小的植株，所以我覺得買幾棵植株用於繁殖，是很切合實際的作法。一旦你有了1到2株迷迭香在手，你就可以輕易地以扦插法栽培新植株。

以這個方法繁殖時，需從迷迭香的大分枝上剪下一段15公分長的枝梗，可能的話，以從踵部（含少許老枝）輕輕往下拉的方式取下來。去掉梗子下方5公分處以下的所有葉子，以防止腐爛。

以踵部沾取生根粉，選一處有遮蔭的地點把枝條插在優質的鬆散土壤中，然後蓋上約1公升大小的瓶子以防止水氣流失，直到枝條長出根且能夠獨立生長為止。

壓條繁殖法

不過還有更簡單的方法。以一段迷迭香的長枝梗做壓條繁殖法，只要把仍然連著母株的長枝梗壓在土壤上固定住即可。用一個U形針或粗鋼絲用力地將枝梗往下彎，在枝梗接觸到土壤的彎曲處輕輕刮幾下，然後在上頭抹一點生根粉來刺激根的生長。

當壓下的枝梗顯示出生長的跡象，而且你拉它的時候感覺到微微的反抗力時，就能把它從母株上剪斷，拿到別的地方去種了。請記得澆水，給它一點遮蔭，直到它不再脆弱且牢牢的紮根為止。

柳水繁殖法

擴增迷迭香存貨的另一個有趣（且輕鬆愉快的）方法是利用「柳水」。這個方法只能在春天進行，因為此時的貓柳插枝可以在自來水中快速生根。懸浮在水中的貓柳新生根會讓整個瓶子充滿生根激素，促使

所有放在「柳水」中的迷迭香枝條生根。這種激素生根液為古代修道院裡的修道士所使用，他們觀察到柳樹有在水裡生根的習性，把其他植物插在同樣的水中，便能產生同相的現象。

你也試試看吧！方法也許很老派，但是看著根從無到有的生長過程，真的很令人興奮。我建議用有色的玻璃容器，以緩和強烈的陽光照射在新生根上頭所產生的灼熱效應。

另一方面，如果你很渴望早點從迷迭香身上得到一些收成，我強烈建議你買1到2棵植株。雖然是從少量的收成開始，但我相信你會立即獲得滿足。

迷迭香的採收與保存

在夏天和較溫暖的氣候裡，迷迭香會長得非常茂盛，此時是剪下一束束可以掛起來風乾的枝條的好時機。利用橡皮筋將一簇簇剪下的枝條束好，然後掛在一個乾爽、曬不到太陽、遠離窗戶的適度陰暗之處。在乾透之後把葉子去掉，貯存在有密封蓋的深色容器裡，避免受到陽光、熱和溼氣的影響。

如果要馬上使用的話，請把採下的迷迭香清洗一下，然後用乾淨的毛巾緊緊的捲起來，捲在毛巾裡的迷迭香放在冰箱內2週仍能保持新鮮。你可以把沒用完的枝梗冷凍起來。

秋天時你的收穫會漸漸減少，你採收的量不能超過植株的1/3。植株需要保留力氣度過漫長的冬天，特別是如果它要被移到室內的話。

從日常護理到裝飾的迷迭香應用

現在你已經順利種好迷迭香了，但其實真正的樂趣在於使用迷迭香。當然，在大部分的情況下也可以做成乾燥迷迭香。揉破或加熱都能令它釋放出芳香精油。

自製芳香盆

將各式各樣的乾燥花、香草、香料、固著劑（例如鳶尾根——每3800毫升乾材料使用30公克鳶尾根）及芳香精油混合在一起，就成了一個芬芳、實用的芳香盆。若是用於有「紀念意義」的場合，只要在每1公升左右的芳香混合物裡加入1杯乾燥迷迭香葉子，它就成了婚禮、喪禮、紀念日、生日慶祝會或任何場合裡一個令人難忘的紀念品。迷迭香芳香混合物可以：

- 蒸薰，使滿室馨香。
- 黏在各種大小的泡棉上。
- 放在碗中，當做一種芳香飾品。
- 包在邊長15公分的正方形布塊裡，做成放在抽屜裡的香氛袋。
- 當做派對上的小禮物。

簡單實用的抽屜香氛袋

- 1杯乾燥迷迭香葉

- 1杯乾燥薰衣草花
- 1杯乾燥肉桂樹皮

1.將上述香料混合均勻。

2.做成6個可愛的抽屜香氛袋，當做送人的小禮物。

室內香氛與個人護理

迷迭香無論在妝品或日常用品中，都是不可或缺的。

● 香皂：將小皂片溶化，然後加入幾滴迷迭香精油（直接從植物中萃取出來的濃縮、具揮發性的天然物質），做成具有療效的皂條，據說能夠遏阻面皰、皺紋和促進清潔。

迷迭香皂球

- 1杯乾燥迷迭香葉
- 1杯乾燥薰衣草花
- 1杯乾燥肉桂樹皮

1.將迷迭香浸在水裡20分鐘，然後過濾，將水倒在香皂碎塊上。一起加熱，直到成糊狀。

2.當水被吸收、且整個混合物的溫度微溫時，做成一個個的小皂球。

3.在裝進罐子裡或分別收入布袋裡之前，要讓它們乾透（也

需要3至4天）。

4.如果你希望有些色彩，可以在溶化物裡加一點蠟筆。

● **洗髮露**：迷迭香裡的精油讓黑頭髮受益無窮。把1/2杯新鮮的迷迭香放在1杯水裡煮滾，過濾後將液體倒進你最喜歡的洗髮精瓶子裡（475毫升）。多年前我在倫敦購買過一瓶迷迭香洗髮露，根據上頭的說明，你應該「讓泡沫停留在頭髮上5分鐘或5分鐘以上，它能夠強化色彩，刺激頭髮生長，以及提神醒腦」。

● **寵物**：如果你的寵物有過度掉毛的問題，迷迭香就是救星。在寵物梳毛刷上頭滴幾滴迷迭香精油，有助於改善掉毛。

● **沐浴**：在洗澡水裡滴幾滴迷迭香精油，不但能使空氣飄香，也能夠放鬆疲憊的身體，讓全身的感官更機敏。

裝飾方面的使用

迷迭香自古就被用於裝飾用途，它的魅力和令人陶醉的香味是無可否認的。

花環、花冠和花圈，只是享受迷迭香裝飾的少數幾種方法。我收集每一條死掉但仍柔軟的枝梗，來編織成一個大乾草花圈。在重大場合，我用一束新鮮的迷迭香和緞帶來裝飾花圈。

● **花圈**：製作花圈很簡單，只要將新鮮的迷迭香剪枝釘到乾草花圈上就行了，當然也可以添上其他的香草。把一小束一小束的香草重疊起來，用蕨葉針固定住。釘的時候方向要一致，並且用下一束香草來遮蓋前一束的梗子。

- 花冠：製作迷迭香花冠同樣簡單。把葡萄藤或忍冬弄成一個適合頭圍大小的圓圈，用結實的棉線或毛線把迷迭香短枝紮上去，每一根枝葉要重疊，並且以同一個方向接續下去。很適合當成新娘（再額外添加些花）或領聖餐青年的頭冠。古希臘羅馬時代的學者戴著這種頭冠的目的是為了促進思想，突顯了嗅迷迭香氣味的重要性。今日我們稱之為芳香療法。

你也許想嘗試用以下的裝飾小訣竅來享受迷迭香的香氛：

- 香草束和放在餐桌上的中心飾品，以迷迭香的梗子加強後，氣味會更香甜。

- 製作可愛的迷你花束：用細緞帶將幾枝迷迭香繫成束，可以塞進白色飾巾的褶襉裡，然後佩戴或攜帶，或是做紀念相片的襯飾。

- 可以用迷迭香枝芽奢華地裝飾大型烤物。

- 拿1根結實的迷迭香枝梗插入1顆新鮮的柳橙裡，這就是從前的傳統新年祝福。

- 假如迷迭香的主莖已經枯萎了，就在它的骨架上插滿五顏六色的乾燥花，當成一種漂亮、不用費心維護的裝飾品。

- 用鋼絲把幾根迷迭香枝葉固定在一個小花圈上，套在要送禮的1瓶酒或迷迭香醋上。

- 把迷迭香小花圈當做餐巾套環。

- 把迷迭香印在白色飾巾上，做成巧妙的便條紙。

- 培養一株約90公分高的迷迭香，使它成為矮生香草（例如百里香）小庭園裡顯眼的主角。

- 使用透氣紗布或舊的尼龍布，將迷迭香碎片和要用來煮熟的復活

節蛋緊緊包在一起。包好後放到熱染缸裡，經過20到30分鐘後，就變成彩色、具裝飾性又能馬上吃的蛋。蛋殼上迷迭香的白色紋路曼妙生姿。

- 自製的迷迭香提籃就是與眾不同。選擇鬆網眼的提籃，然後把每枝15公分長的新鮮迷迭香編織到現有的框架裡，等到乾了之後它們就是提籃的一部分。

- 把大量的迷迭香枝葉疊放到重要禮物的上頭——「做紀念」。

用迷迭香做料理

用迷迭香做菜或當佐料食用，對每個人來說都極具吸引力。50年前當我結婚時，有人送我貝蒂·克羅克（Betty Crocker）的戰時食譜。為了學做菜和超越我母親的德式廚藝，我開始依循克羅克女士的建議，妥善地充實我的香料櫥櫃。其中迷迭香讓我大為驚豔。

我以為它是長在松樹上的，因為它的葉子看起來像松樹的針葉，聞起來也像松樹，連嚐起來都有松樹的味道。

若干年後，當我在一家販售香草植物的義大利攤商那兒看到迷迭香時，我才意外發現真相！它也成為我養的第一株迷迭香。現在迷迭香已經成為我的最愛。

從少量開始，直到你對這種大膽的風味培養出興趣。記住規則——1茶匙乾燥的等於1湯匙新鮮的。含有濃縮精油的乾燥香草，在加熱或弄碎時，氣味可能非常強烈。

簡易小訣竅

1.用迷迭香把白花椰菜變成伴餐。

2.把切成小段的迷迭香伴入軟化的奶油或奶油乳酪裡，使成乳脂狀，抹在熱麵包上食用。

3.用迷迭香裝飾柳橙片。

4.試試在菠菜、茄子、豌豆或南瓜上放一點迷迭香。

5.把迷迭香的花當做可食用的美麗裝飾。

6.用30公分長的迷迭香把烤肉食材串起來。

7.只要用一小撮的迷迭香，就可以提升各種地中海式菜餚的風味。

8.取幾根迷迭香枝葉，束在一起，就是用來提升風味的醬汁刷子。

所以剛開始時，你所需要的就是少量使用──1茶匙或1湯匙都可能太多了。在任何食譜中，都要依你的情況酌量使用迷迭香。

卡博羅市集調味鹽

告訴你一個小祕密，使用香草調味鹽，能夠自然地減少你對鹽的吸收。

為什麼呢？因為取代鹽的香草會適時撩動你的味覺，讓它接受少

鹽的口感。對於已經接受少鹽（或無鹽）飲食的人來說，這些增強風味的好東西既有益又營養。

它們是任何廚具用品店裡賣得最好的項目。

- 4湯匙乾燥歐芹，碾得粉碎
- 3湯匙乾燥鼠尾草，碾得粉碎
- 2湯匙乾燥迷迭香，碾得粉碎
- 1湯匙乾燥百里香，碾得粉碎
- 1杯鹽

混合均勻，然後裝到1個有大孔的調味瓶裡。可用於肉類、禽肉、魚肉和蔬菜。

注意▶假如你吃的是無鹽飲食，去掉鹽之後它就是全香草調味料。

香草橄欖

（12份，當做零嘴少量食用）

這是典型的南西班牙（安達魯西亞）食譜，是一種很受歡迎的西班牙小菜。

- 480公克的罐裝西班牙綠橄欖，瀝乾水，稍微壓碎
- 1/2茶匙磨碎的孜然
- 1/2茶匙奧勒岡
- 1/4茶匙迷迭香
- 1/2茶匙百里香
- 1/2茶匙茴香籽
- 2片月桂葉
- 4片蒜瓣，去皮，壓碎
- 4湯匙蘋果醋

1. 把橄欖、大蒜和月桂葉放到1個罐子裡（你可以用原本放橄欖的罐子），搖晃均勻。
2. 加入所有的香草和醋，並在罐子裡注滿水，然後搖晃，使食材能混合均勻。
3. 在常溫下浸泡幾天之後再放到冰箱裡，不過要退冰至常溫才能食用。

迷迭香魚

以下的調味法是由17世紀的英國作家艾薩克‧沃頓（Izaak Walton）推薦的：「用一大把辣根、一大束迷迭香、一些百里香和鼠尾草枝葉來烹調魚。」

迷迭香醬

香草醬總是給人意外驚喜的美味。把它抹在吐司或熱麵包上，就能夠享受到香草的風味，很適合用於任一餐或茶點。第一口你會先感覺到柑橘的香味，緊接著，突然間，迷迭香的強烈香味啟動了你的味蕾。

- 2滿湯匙新鮮迷迭香，切成小段（或1湯匙乾燥的，保持完整）
- 1/4杯檸檬汁
- 1/2杯柳橙汁
- 3/4杯水
- 3又1/4杯糖
- 85公克的液態果膠
- 幾枝迷迭香，裝飾用

1.把迷迭香、檸檬汁、柳橙汁、水和糖煮滾,讓混合液滾7分鐘,時時攪拌。

2.過濾後,再煮滾,隨後加入85公克的液態果膠,以大火滾1分鐘,一直攪拌。

3.撈掉浮沫,立刻裝到無菌罐裡,加上1小枝迷迭香當裝飾。以石蠟封口,然後貼上標籤(小訣竅:平時留心蒐集別致的果汁瓶或酒瓶,需要時才能做出漂亮的成品)。

煙燻迷迭香蘋果

(4到6人份)

這種獨特的裝飾或佐料,需要一個有架子的鍋子和緊密的鍋蓋。在柳丁榨成汁前,取它的皮做成蘋果上的捲曲裝飾,結果會非常好看。

- 1杯柳橙汁
- 1湯匙煙燻液
- 幾枝乾燥迷迭香枝梗
- 2顆蘋果,切片

1.把果汁、迷迭香和煙燻液放到鍋底,蘋果片放在鍋內的架子上。

2.煙燻30分鐘,或直到蘋果變軟即可。

簡易迷迭香烤雞

(4人份)

迷迭香和大蒜結合在一起的味道是無可匹敵的,我們幾乎吃什麼

都要這樣搭配，就連吃酥脆的烤麵包也是。你可以把這些風味鮮明的調味料用在羊排、牛排或豬排上。

- 3片蒜瓣，去皮，壓碎
- 1/2茶匙現磨胡椒
- 1茶匙乾燥迷迭香，壓碎
- 1/4杯蔬菜油
- 1茶匙鹽（選擇性的）
- 1隻全雞（大約1公斤）

1. 將大蒜、迷迭香、鹽和胡椒混合均勻，請拿一半的量抹在洗好的雞隻內部。

2. 取一半的油塗抹在雞身外，然後把剩下的調味料撒上去。把雞放到烤盤裡，淋上剩下的油。

3. 以攝氏135度烘烤，直到雞皮呈焦黃色、酥脆貌，每15分鐘就用滴到烤盤上的油塗在烤雞上，持續1小時。

迷迭香檸檬馬鞭草茶蛋糕

（12到20份）

也許你作夢也不會想到會用蛋糕預拌粉來做蛋糕。這個食譜把便利的蛋糕預拌粉變成你可以很自豪地——當然是搭配迷迭香——食用的溼蛋糕。

- 1包蛋糕預拌粉
- 1/2杯油
- 4顆蛋
- 2湯匙檸檬汁
- 1杯水
- 1湯匙新鮮迷迭香，切碎
- 1包即食香草布丁粉
- 2湯匙檸檬馬鞭草，切碎

1. 將所有的材料混合在一起，經過2.5分鐘後，倒入抹了點油的圓環蛋糕烤盤裡。

2. 以攝氏176度烤40分鐘，並讓它在烤盤裡放涼15分鐘，接著取出來。

塗料
- 1杯糖粉
- 2湯匙檸檬汁

3. 將混合均勻的塗料趁蛋糕溫熱時塗上去。

黃金葡萄乾迷迭香馬芬糕

（成品為12個大的或24個小的馬芬糕）

這在我們家是很受歡迎的甜點，而且常常吃──有時是晚餐後的熱甜點，有時是喝茶時的冷茶點。我們用這個食譜做馬芬糕或麵包。

- 3/4杯牛奶
- 1/2杯砂糖
- 1/2杯黃金葡萄乾
- 2茶匙發粉
- 1茶匙乾燥迷迭香葉
- 1/4茶匙鹽
- 1/4杯奶油
- 1大顆蛋
- 1又1/2杯中筋麵粉

1. 把牛奶、葡萄乾和迷迭香放到一只小平底鍋裡悶煮2分鐘。

2. 從火源上移開，加入奶油，攪拌至融化，然後放涼。

3. 將烤箱預熱至攝氏176度，在馬芬糕杯模內塗油，或放入鋁箔杯。

4. 把麵粉、糖、發粉和鹽放到一只大碗裡。把蛋打到牛奶混合液裡並打

散，接著倒入乾的材料，用一柄橡膠刮刀攪拌，直到混合均勻。

5. 把混拌好的糊舀到杯模裡，大約烤20分鐘，或直到熟透（做麵包時，可以用一個一般大小或兩個小的烤麵包模，也就是7.5乘以25公分左右，烤35分鐘，或直到熟透）。

家庭招待會的迷迭香餅乾
（可做出一堆餅乾！）

我們每半年一次的家庭招待會參與者眾，動輒上百人，招待會上所提供的賞心悅目又可口的點心屢獲好評。食譜必須是經濟、豐盛又美味的。這種餅乾正好符合這些條件。

- 1杯奶油或乳瑪琳
- 1茶匙發粉
- 2杯糖
- 1茶匙蘇打粉
- 2顆蛋，打散
- 1/2茶匙鹽
- 1杯酸奶
- 3茶匙乾燥檸檬香蜂草，壓碎
- 1顆柳橙汁及磨碎的外皮
- 3茶匙乾燥迷迭香，壓碎
- 3又1/2杯中筋麵粉，過篩

1. 把奶油和糖混合在一起，加入蛋、酸奶、柳橙汁和橙皮，再和其他乾材料及香草混合均勻。

2. 用茶匙將混合物滴到抹油的烤盤紙上，以攝氏176度烤10到12分鐘。

塗料
- 1杯糖粉
- 1顆檸檬的汁和磨碎的皮

3.趁餅乾還熱的時候,把混合均勻的塗料和餅乾混拌在一起。

迷迭香軟餅

（成品為12塊餅乾）

雖然這是傻瓜也能跟著做的食譜,但迷迭香把預拌餅乾粉變身成可以用於快捷烘培的材料。將它用於餃子、麵包、麵條和餡餅皮,也很結實可靠。

- 2杯中筋麵粉
- 4茶匙發粉
- 1/2茶匙乾燥迷迭香（或1又1/2茶匙新鮮的）
- 4湯匙起酥油
- 1/4杯牛奶

1.把乾的材料混合在一起,加入起酥油,拌入牛奶,大約揉6次。

2.輕輕拍打成約1.5公分厚的麵皮,用餅乾模具切下來,並放到烤箱裡以攝氏232度烤12到15分鐘。

龍 蒿

栽培與運用

它是法式料理常見的最佳配角，
不僅能勾勒出食物味道的層次，
其獨特的香氣往往令人食欲大開。

栽培龍蒿

龍蒿很獨特的原因，在於它不結種籽。從不！
如果要種龍蒿，你必須從龍蒿植株上取一段剪枝。
如果你看過龍蒿種籽，那也許是俄羅斯龍蒿，它們
的確會結種籽（這是區分它們與其他龍蒿的方法之
一），而且很容易從種籽長成植株。墨西哥龍蒿也
會從種籽或剪枝長成植株。

龍蒿

要用哪一種龍蒿

若用於烹飪，你要使用法國龍蒿（為了簡化，以下皆稱為龍
蒿）。不過，不是每次都能那麼容易地找到正確的植物。事實上，有些
公司會把俄羅斯龍蒿籽標示為「龍蒿」，但是為了保護自己，你必須知
道的是，法國龍蒿不會從種籽繁殖而來。

你可以在各式各樣的育苗商和花草商那兒、甚至許多超市裡找到
法國龍蒿和俄羅斯龍蒿。運氣好的話，它們會有標示，不過我建議你不
要太相信那些標示。

不得不說，有時候你的成長是經由殘酷事實的洗禮所得來的，例
如，你發現自己買到的龍蒿是沒有味道的。所以，請對方准許你摘一片
葉子吧，用手指揉碎，嗅嗅它的味道，然後嚐一嚐，這是目前最保險的
辦法。

更好的方法是，找一個值得信賴且種了龍蒿的朋友，向他要一段
你需要的剪枝。

以扦插法繁殖

由於龍蒿有不耐寒的特性，所以剪枝最好從莖的部位取得。基於相同的理由，最好是從已經長了幾年的硬木或是從今年才長出的半軟半硬的結實木質部上取下剪枝。記得要包含枝芽，最好含有頂芽。

取剪枝的最佳時機是夏天，那時候的植株很強韌。如果你要把剪枝種在戶外，就在生長季之初早點兒把它們放到土裡，讓它們在冷天氣來臨前有時間成長。

以分株法繁殖

龍蒿的分株法有兩種。

第一種是從初春開始，先弄鬆龍蒿根四周的泥土，然後用鏟子切入根部，分開，再用鏟子把龍蒿從土裡鏟出來。如果你的龍蒿很健康，就把黏附在根周圍的泥土替換掉。把分株根的泥土用水沖掉，將植株放到裝了輕質土的花盆裡，最好再加上一些珍珠岩，只要把根部埋住就好。請細心地澆水，但不要讓土壤溼透。龍蒿死亡的大部分原因都不是因為寒冷，而是死於太潮溼所導致的根腐爛。

分株的第二種方法能夠產出好幾棵小植株，而不是只有兩棵較大的植株。當新芽開始從土裡冒出來時，便可以把整棵植株從土裡挖出來，用水沖掉根上的土壤。任何長出新芽的根都可以分株出來，重新栽種。如果發現腐爛的根就切掉，但除此之外不要修剪植株的根。接著重新種下分株，大約2週後你就會有幾棵可以和朋友分享的新植株了。

即使你不想把植物分株、然後送人，但每隔幾年就幫植物分株1次也是好的，因為植物糾結在一塊的根和木質化的莖會使植株看起來病懨

懨，一副欲振乏力的樣子。遇到這種情況時，就選擇看起來最健康的那部分的根來重新栽種吧。

照料與耐寒性

龍蒿在冬天時會冬眠，但是到了春天會甦醒，並且繼續茁壯。如果你的植株沒有早點顯示出復甦的跡象，別灰心，一旦天氣和土壤暖和起來後，它很快便能打起精神了。

有些人說當冬天來臨時，要幫你的植物蓋上厚厚的護根層，但也有人說不用這麼費心。

事實上，幾年前我把一株龍蒿送給幾位住在緬因州的朋友，那兒的氣溫在攝氏4度以下是常有的事，但是那株龍蒿不用任何的冬季保護層也長得很好。不過，在一個定點使用護根層，確實有助於保護植物抵抗嚴寒的冬天。

愈往北方走，庭園暴露於寒冬之中的機會就愈多，這時你就愈應該考慮使用護根層。乾葉子、松針、常綠樹枝、乾草，甚至報紙，都能做成很理想的護根層。我再強調一遍，最重要的事情是不要過度澆水，澆太多水會使根部腐爛，害死植株。

即使你住在很溫暖的氣候區（例如佛羅里達）也是一樣，你主要該留意的還是避免過度澆水。所以，如果你有草坪自動灑水系統，就把龍蒿種在不會被水淹過的地方。要時時修剪，剪掉大約一半的長度（然後參考下文，看看如何保存採下的部分）。

在庭園裡栽培法國龍蒿的理想地點，是充滿陽光但有遮蔽的區域。全日照最理想，但龍蒿能夠忍受部分陽光被遮蔽。

土壤應該要很肥沃、深掘，而且排水功能一定要非常良好。植株放在土壤裡的位置，必須要使土壤高於根部頂端約4公分左右。龍蒿喜歡的pH值介於5.5到6.5之間，所以假如你的土壤偏酸性，就混入一些木灰，以幫助植物生長茁壯。

龍蒿的採收與保存

整個生長季節裡你都可以採收龍蒿的枝葉，但到了初秋就要停歇，在冬季來臨前給植物一個復元的機會。大部分的香草栽培者會說，你應該等清晨的露珠乾了之後再採收，因為那時香草裡的精油最濃烈。

採下葉子之後，請馬上拿去沖掉泥土，然後放到乾淨的毛巾或紙巾上弄乾，隨後應立即使用或保存起來。

而保存從植株上採下的葉子有好幾種方法。

第一，你可以把葉子浸在酒裡或醋裡。它會稍微褪色，但風味仍然很好。然後你可以把那些酒或醋用於料理，也可以把浸過酒或醋的龍蒿葉拿來使用，就像使用新鮮葉子那樣。

第二，你可以把龍蒿弄乾。傳統的乾燥法（吊起來晾乾1週以上）對於龍蒿來說並不是最好的方法，因為這樣會流失大量的風味。

比較好的乾燥法是使用微波爐。把龍蒿的枝葉放到紙巾上，然後以高功率微波3分鐘左右。大約每60秒檢查一下，摸的時候覺得乾了就表示完成了，而且不會有褪色的問題。記得貯存在密封罐裡，然後放在光線照射不到的地方。如果你看到容器裡凝結了水珠，就再微波一次。

或者你也可以把它們放到冰箱裡弄乾。現代的無霜冰箱不僅可以使東西冷卻，也可以使東西乾燥。在鋪了紙巾的烤盤上鋪一層香草，然後放進冰箱；或是把一束香草放進束口網袋裡，再用磁鐵勾掛在冰箱裡；也可以把一束香草放到碗裡，再放進冰箱。所需的時間視情況而定：冰箱規格、冰箱內容物和乾燥的方法。如果是放到碗裡，就要在1天裡把香草攪拌數次，讓它們都能接觸到空氣。

有一點必須提醒你，放到冰箱裡弄乾的香草不需要蓋上蓋子或包起來，而且要注意，冰箱裡不能有氣味強烈的東西，以免影響了龍蒿乾燥後的風味。

保存龍蒿的最後一個方法，是把它混入其他東西的製作法裡頭，像是龍蒿芥末、龍蒿冰塊、伯那西醬（Bearnaise Butter）或是本篇裡的任一道食譜。

用龍蒿做料理

龍蒿最廣為人知的用法，就是當做蛋、禽肉和魚的調味料，但那不是龍蒿全部的用途，因為它是一種八面玲瓏的廚房香草。

佐料、醬汁和調味料

在這裡，你會發現龍蒿的萬種風情。其中任何一種都能為你的料理增添難以言喻的美好風味，它們很值得常備在手邊。

龍蒿醋

製作這種醋是讓你隨時有龍蒿可用的絕佳方法。醋本身就是食品櫃裡的神奇附加物，當你需要新鮮的龍蒿時，只要從醋裡取出所需要的量就行了。它會稍微褪色，但無妨！

不過很抱歉，在這個製作法裡頭你不能用乾燥龍蒿來取代，新鮮龍蒿是你唯一的選擇。

由於成品可以保存好幾個月，所以要趁夏天有新鮮龍蒿時做一批庫存，好好享用，直到下一次的收成。別害怕嘗試搭配其他的香草和辛香料，迷迭香和龍蒿其實很匹配。

- 4大根龍蒿枝葉
- 2杯白酒醋（如果找不到白酒醋，也可以使用米醋）

1. 將龍蒿枝葉放進瓶子裡，接著把醋倒進去（細口漏斗在這裡可以派上用場）。

2. 靜置至少2週，讓風味融入醋裡。

3. 想做多少量都可以，只要記住，比例是每半杯醋用1大根龍蒿枝葉。這種調配法讓你在常溫下保存多久都可以。

- 龍蒿大蒜醋：方法再簡單不過了。只要依照上述龍蒿醋的作法，然後每杯醋加上1大片去皮的蒜瓣即可。

- 龍蒿酒：在烹調時塗上龍蒿酒的烤雞特別美味。事實上，你可以把這種酒用在任何你想要有龍蒿和一點白酒風味的菜餚裡。它的製作方法跟龍蒿醋一模一樣，只是把醋換成不含殘糖的白葡萄酒。它也可以永久保存。

龍蒿冰塊

　　當你在冷凍庫裡有這些小冰塊的庫存時，你就永遠不會遇到沒有「新鮮」龍蒿可用的窘況。

　　如果你使用的龍蒿枝葉易彎曲、柔軟，那麼那些梗子便可以和葉子一起使用。

　　如果那些梗子已經木質化了，那麼建議你最好把它們剃掉，只使用葉子就好，以免影響口感及風味。

　　以下提供最簡便的作法，歡迎嘗試！

- 4杯壓緊的龍蒿枝葉
- 1/2杯橄欖油
- 大蒜，選擇性的

1. 把龍蒿放進食物處理器裡，啟動機器，然後慢慢倒入橄欖油，直到混合物達到像漿糊一樣的黏稠度（也許不需用掉所有的橄欖油）。如果你想加點大蒜，就在這個步驟加進去。

2. 把龍蒿糊倒入製冰盒裡，然後放進冷凍庫。

3. 等龍蒿糊結凍後，可以把冰塊倒進塑膠袋裡，接著貼上標籤，然後繼續冷凍。

4. 每次需要新鮮龍蒿或值得嘗試時便可使用（推薦你一些「好點子」：在炒蛋的時候、任何含米的菜餚或蔬菜上頭，可以加1至2顆龍蒿冰塊試試）。

變化 如果你不想加大蒜，也可以加其他香草。記得在標籤上註明是原味、蒜味或加了其他香草。

甜點

龍蒿泡芙
（完成品為24個）

　　這可以用大部分超市裡乳製品區以小圓柱形包裝的那種可頌酥皮來做，或者你也可以用泡芙麵皮（自製或市售的皆可）來做。泡芙在烘烤前或烘烤後都可以冷凍起來。

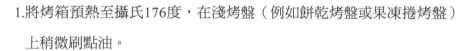

- 85公克奶油起司或納沙特蘭乾酪
- 現磨黑胡椒
- 1湯匙牛奶
- 1條冷凍可頌酥皮
- 1湯匙切成小段的新鮮龍蒿或1茶匙乾燥龍蒿
- 1顆蛋，稍微打散（選擇性的）

1.將烤箱預熱至攝氏176度，在淺烤盤（例如餅乾烤盤或果凍捲烤盤）上稍微刷點油。

2.把起司、牛奶、龍蒿和一點兒黑胡椒（胡椒研磨罐轉2至3次）拌在一起搗碎。

3.打開可頌酥皮的包裝，在撒了些麵粉的桌面或盤面上，把酥皮分成4個長方形，然後塗上步驟2的混合物。

4.從長邊把酥皮捲起來，然後把每一捲切成6等份。把切好的小捲放到已經準備好的烤盤上，不要相連，切邊朝下。

　　幫每個小捲刷上一點蛋液（這是選擇性的，但是能讓泡芙有光澤，而且看起來很專業）。

5.烤12分鐘左右，或直到稍呈焦黃色。

湯品

湯也許是最令人感到療癒的食物，而含有一點兒龍蒿的湯是其中最好的！

龍蒿番茄湯
（4人份）

如果你──就跟我們大部分的人一樣──也是從小就吃慣罐頭番茄湯的人，那麼你會發現這個版本實在好太多了。當然，你是可以在罐頭番茄湯裡加上一點龍蒿啦，不過……

- 2杯洋蔥末
- 2湯匙奶油
- 6顆很成熟的大番茄，去籽，切成小塊
- 2又1/4杯牛奶
- 鹽和現磨黑胡椒
- 1湯匙切碎的新鮮龍蒿或1茶匙乾燥龍蒿

1. 把奶油放入一只中型平底鍋裡，以文火炒洋蔥，直到洋蔥變軟但尚未呈現焦黃色。
2. 加入切成小塊的番茄，蓋上蓋子，和上述食材一起悶煮15分鐘。
3. 加入牛奶、適量的鹽和胡椒，再悶煮10分鐘。
   如果你希望湯裡有點奶油的質地，就把鮮奶油加在牛奶裡，你會獲得一道具特殊風味的湯品。
4. 加入龍蒿，再悶煮2分鐘。趁熱出餐。

龍蒿冷湯

(4人份)

我喜歡把這個湯當做第一道菜，但是我也很樂意光用它就可以做一道美味的午餐，或者也可以再配上一些小餐包。

如果你希望湯的內容再充實些，可以在出餐前撒上大約1/3杯煮熟、切成小塊的蝦仁。還有，你可以在每個湯碗裡放上柔軟的奶油萵苣（例如波士頓萵苣或布比萵苣）做襯底。

- 1包原味（未調味）明膠
- 1/4杯冷水
- 5杯雞湯
- 2湯匙切碎的新鮮龍蒿或2茶匙乾燥龍蒿
- 2茶匙檸檬汁
- 3茶匙切碎的歐芹

1. 把明膠拌入冷水中，混合均勻，然後先放到一旁。
2. 把雞湯倒入一只中型平底鍋裡，以中高火煮滾，然後轉為中低火，悶煮7分鐘。接著拌入明膠混合物。
3. 把鍋子從火源上移開，靜置10分鐘，然後拌入龍蒿。
4. 當湯冷卻後，蓋上鍋蓋，放到冰箱裡冰4小時以上。
5. 出餐前輕輕攪拌湯，平分為4碗，最後在每個碗裡淋上1/2茶匙的檸檬汁和一些歐芹。

肉類、禽肉與海鮮

龍蒿的最佳用途，有些就落在這個範疇裡。這個芬芳的香草對任

何肉類、禽肉或魚肉所產生的影響，沒有什麼能夠比得上它（至少就我而言）。

當你烤肉時，試試在開始烹飪前往煤炭裡丟些龍蒿枝葉。較老的木質化枝葉最適合這個用途，僅僅只是因為它們在火裡燃盡的速度比較慢，不過較嫩的枝葉也能夠增添風味。

龍蒿燉牛肉

（6人份）

紅酒能夠幫這鍋肉燉出漂亮的褐色，不過你可以用水和1湯匙檸檬汁來取代。

- 3湯匙油
- 455公克用來燉的牛肉，切成邊長4公分的小塊
- 3湯匙麵粉
- 1/2杯紅酒（或見上文）
- 水
- 3顆中型馬鈴薯，去皮（如果你想的話），切成邊長2.5公分的小塊
- 230公克胡蘿蔔，切成邊長2.5公分的小塊
- 1湯匙切碎的新鮮龍蒿或1茶匙乾燥龍蒿
- 2湯匙伍斯特醬（選擇性的，但推薦使用）
- 鹽和現磨黑胡椒

1. 把油放入一只中型平底鍋裡以大火加熱，用這個油把牛肉炒至焦黃，然後拌入麵粉，炒2至3分鐘後，從火源上移開。
2. 加入紅酒和剛好蓋住牛肉的水。蓋上鍋蓋，以小火悶煮1小時。

3.加入蔬菜和足以蓋住食材的水。蓋上蓋子悶煮，直到蔬菜變軟。

4.加入龍蒿、伍斯特醬、適量的鹽和胡椒。再悶煮10分鐘。

5.可以趁熱食用，或冰到冰箱裡幾小時或一整晚，待冷卻後食用（請撈
掉冷卻後的湯上層所浮的一層油脂）。

橙汁龍蒿豬里肌

（4到6人份）

豬里肌非常柔軟、美味──特別是在這道以橙汁和龍蒿調味的菜
餚裡。奶油、橄欖油和酸奶，讓這道食譜無法走上低脂路線，不過你還
是可以使用低脂酸奶。

- 680公克豬里肌
- 鹽和現磨黑胡椒
- 1/4杯麵粉
- 1湯匙奶油
- 1湯匙橄欖油
- 1又1/2茶匙切碎的新鮮龍蒿或1/2茶匙乾燥龍蒿
- 1/4杯冷凍的濃縮柳橙汁，解凍，不稀釋
- 1/4杯雪莉酒
- 1杯酸奶

1.把豬里肌切成1.5公分厚的肉排。接著，你可以將它夾在兩片厚重的塑
膠板或牛皮紙之間，以肉錘或長柄煎鍋進行拍擊，直到肉排的厚度變
成0.5公分為止。

撒上適量的鹽和胡椒，再沾上一層薄薄的麵粉。

2.把奶油和橄欖油放到一只大型長柄煎鍋裡，以中高火加熱。放入豬里
　肌，每一面煎2至3分鐘，直到呈焦黃色。把豬里肌從鍋裡取出來，並
　記得保溫。

3.拌入龍蒿、濃縮柳橙汁和雪莉酒。以中低火加熱，直到份量縮成一
　半。完成後請刮掉鍋底的焦黑部分。

4.轉小火，拌入酸奶。煮2分鐘（但不要到煮沸的程度），然後把豬里
　肌放回鍋裡煮2至3分鐘，其間翻幾次面，直到肉排熟透。

龍蒿雞胸肉
（4人份）

　　你會發現這份食譜與義大利的經典菜餚之一「義式香煎牛小排」
極為相似。

- 2份全雞胸肉（4片），無骨，去皮
- 2湯匙麵粉
- 鹽和現磨黑胡椒
- 2湯匙奶油
- 1湯匙橄欖油
- 1顆檸檬汁
- 3湯匙續隨子，沖洗過
- 1又1/2茶匙切碎的新鮮龍蒿或1/2茶匙乾燥龍蒿

1.把雞胸肉一片接一片地排在2張保鮮膜之間，用肉錘或汽水瓶、擀麵
　棍、煎鍋等把肉片拍成大約0.5公分厚，或是更薄。把拍平的肉片以對
　角線方式切成兩半。

2. 把麵粉、鹽和胡椒粉放到盤子裡混勻，然後放入雞胸肉，兩面都沾勻。你也許需要再多一些麵粉。

3. 把奶油和橄欖油放到一只大煎鍋裡加熱，然後放入雞胸肉，煎至兩面呈焦黃色。如果無法一次統統放入，就一次只煎幾片，煎好後放到盤子裡。

4. 等雞肉統統從煎鍋裡取出來之後，放入檸檬汁、續隨子和龍蒿。接著煮到冒泡，然後放入雞肉，再以小火煮，翻面，直到統統熟透。請趁熱食用。

香菇龍蒿烤魚

（4到6人份）

- 910公克白魚片
- 1/4杯不含殘糖的白酒
- 1湯匙切碎的新鮮龍蒿或1茶匙乾燥龍蒿
- 1又1/2杯香菇片
- 1/2杯蔥花
- 鹽和現磨黑胡椒
- 1/2杯現做麵包屑
- 1又1/2湯匙奶油，融化
- 1/2湯匙橄欖油

1. 將烤箱預熱至攝氏204度。

2. 把魚片放到塗了點油的23×23公分的烤盤裡，要留意把魚片薄的部分重疊擺放，以免烤焦。

3.淋上白酒，撒上龍蒿，再撒上香菇和蔥花，然後以鹽和胡椒調味。先倒上麵包屑，再倒上混合好的奶油和橄欖油（如果你喜歡的話，可以全部使用奶油）。

4.烤7分鐘。趁熱食用。

起司與蛋

對於起司和蛋，龍蒿有著自然的親和力，而且似乎能夠為它們帶來最佳的效果。試試在你最喜歡的菜餚裡加一點點龍蒿——譬如說，龍蒿炒蛋就很棒——或是體驗一下接下來的食譜。

龍蒿烘蛋

（4人份）

你知道烘蛋嗎？如果你還不知道，那麼你一定要學學看。也許你知道它的另一個名字：烤蛋。不管叫什麼名字，它們都可以當做美妙的早餐或輕食午餐，甚至是星期天的晚餐。

- 2湯匙軟化奶油（或使用噴霧式油）
- 2湯匙切碎的新鮮龍蒿或2茶匙乾燥龍蒿
- 8顆蛋
- 鹽和現磨黑胡椒

1.將烤箱預熱至攝氏162度。

2.以奶油（或噴霧式油）塗在4個很小的烤盤或蛋糕模子上。在每個烤盤裡撒上龍蒿，打入2顆蛋，接著用鋁箔紙蓋緊每個烤盤。

3.烤12分鐘。

4.拿掉鋁箔紙，撒上一點鹽和現磨黑胡椒。

變化 另一個烘蛋的方式是把龍蒿加到重鮮奶油裡（大約每2顆蛋加2湯匙重鮮奶油）。把加了龍蒿的重鮮奶油倒在烤盤裡，接著放入蛋，再把剩下的重鮮奶油倒在上頭。我愛死這款烘蛋了，不過在關注脂肪問題的那段日子裡，從健康飲食的角度上來看，似乎不該使用這種料理方法！

蔬菜

就我而言，龍蒿用於任何蔬菜都是很棒的！不過，有些食譜真的是好到無與倫比，以下是我最喜歡的幾種。

你在沙拉那一部分也會找到以蔬菜為主的食譜。

龍蒿炒韭葱

如果你想讓客人印象深刻，就用這道龍蒿炒韭葱。沒錯，做這道菜是要花點時間，但是非常值得。其中最花時間的部分就是準備待炒的韭葱，所以我建議可以事先處理好。

- 4根韭葱，每根約2.5公分粗
- 炒菜用的蔬菜油（用量見下文）
- 1顆蛋
- 鹽和現磨黑胡椒
- 1又1/2茶匙切碎的新鮮龍蒿或1/2茶匙乾燥龍蒿，分次使用

• 1/2杯（大約）麵粉，沾裹用　　　• 2茶匙龍蒿醋

1. 切下韭葱的綠色部分並丟棄，然後修剪每根韭葱的基部，從長邊對半切開，但刀要停在基部不要切斷，菜才不會散開。用冷水仔細沖洗，每根韭葱都可能沾有不容易看見的泥巴。

2. 把韭葱放在滾水上蒸10分鐘左右，或直到菜變軟。然後移到紙巾上，靜置至少20分鐘。

3. 將油放到煎鍋裡以攝氏182度加熱，油的用量以剛好蓋滿鍋底即可（如果沒有烹調溫度計或電炒鍋，那就加熱到水滴在油裡會嘶嘶作響的程度）。

4. 把蛋放到湯盤裡打散，加入鹽和胡椒，以及一半的龍蒿；把麵粉放到另一個湯盤裡。現在先把韭葱浸到蛋液裡，要確定全部覆上蛋液，然後再沾裹麵粉。

5. 煎到呈現漂亮的焦黃色，時時翻面。接著放到紙巾上快速吸去多餘的油脂，然後噴淋上醋，撒上剩下的龍蒿，趁熱出餐。

普羅旺斯烤番茄

（2到4人份，份量可根據個人喜好而定）

你也許會發現，這是你所有的素食菜餚或副餐中最好用的一道菜。它幾乎跟所有的食物都很搭配，做起來既簡單又迅速，而且總是很美味。如果你想試驗一下的話，除了龍蒿之外，也可以用其他的香草替代或搭配使用。

- 2顆中型番茄
- 2茶匙第戎芥末醬
- 鹽和現磨黑胡椒
- 1湯匙切碎的龍蒿或1茶匙乾燥龍蒿
- 1/2杯柔軟的現做麵包屑
- 2湯匙橄欖油

1. 將烤箱預熱至攝氏176度。

2. 把番茄從中間對半切開，切面朝下放在紙巾上15分鐘，讓多餘的水分流掉。

3. 把番茄放到一個淺鍋裡，在每個番茄的半邊切面塗上1/4茶匙的第戎芥末醬，然後撒上鹽、胡椒和龍蒿。最後撒上麵包屑，滴上橄欖油。

4. 烤20分鐘，或直到麵包屑呈現微焦黃色。

沙拉淋醬

在生菜沙拉上撒一些龍蒿，便是一道美味的菜餚。但你若想要很特別的淋醬，可以試試以下的食譜。

龍蒿蜂蜜芥末沙拉淋醬

（完成品大約1杯）

我熟識的一位十來歲的小朋友說：「這玩意兒讓萵苣變得好好吃！」有什麼推薦比這樣的讚美更好呢？

- 3湯匙蜂蜜
- 3湯匙蘋果醋
- 1/3杯美乃滋
- 1湯匙第戎芥末醬
- 2茶匙洋蔥末或蔥花
- 1湯匙切碎的歐芹
- 1湯匙切碎的新鮮龍蒿或1茶匙乾燥龍蒿
- 1/4茶匙鹽
- 3/4杯沙拉油（或使用一部分橄欖油）

1.把蜂蜜和蘋果醋放在一起慢慢加熱，使蜂蜜溶解──例如，放到小碗
  裡微波。

2.冷卻，然後和其他材料混合均勻（食物處理器可以做得很好）。

3.放到冰箱冷藏。

希伯利沙拉淋醬

（完成品稍微小於1杯的量）

　　從前有一家波士頓餐廳（現已不存在）所供應的淋醬讓我懷念不
已，而這是我做的版本。在希伯利，人們把波士頓或其他柔軟的奶油萵
苣葉鋪成扇形擺在沙拉盤上，然後淋上這種醬汁。在我的記憶裡，盤子
上的其他東西就只有櫻桃番茄。多好看啊！

- 1/2茶匙蒜末
- 2湯匙白酒醋
- 2湯匙橄欖油
- 1茶匙檸檬汁
- 1茶匙第戎芥末醬

- 1/2杯沙拉油（芥花油是不錯的選擇）
- 3湯匙重鮮奶油（或者你可以用低脂鮮奶油）
- 1茶匙切碎的新鮮龍蒿或大約1/3茶匙乾燥龍蒿

1.把所有材料放到一個螺旋口瓶裡，用力搖晃。

2.放入冰箱冷藏。

CHAPTER

11

鼠尾草
栽培與運用

鼠尾草的存在相當令人驚豔，
雖然把它用於藥草茶和食物防腐劑已經有好幾個世紀，
但是直到17世紀，
人們才把鼠尾草當成食物的調味料。

種植與栽培

鼠尾草是世界上最普遍、最廣為栽培的香草之一，其價值在於它的烹飪、裝飾和醫藥特質。鼠尾草一屬富含精油，而且有多種香味和用途。它的葉子便於乾燥保存，所以我們一整年都有鼠尾草可用。鼠尾草容易生長，有許多栽培品種可供選擇，它的多用途、美麗、芳香和風味，讓無論是初學或有經驗的園藝家都很喜歡。今日，我們可以在香草庭園、花圃和盆栽庭園看得到鼠尾草。由於園藝家和廚師們重新發現到它的許多用途，所以它現在仍然受到喜愛而廣為栽培。

從種籽開始

無論你是在室內或直接在戶外播種，從種籽開始栽培是繁殖鼠尾草最簡單的方法。要細心規劃你的盆栽地點或庭園花圃：幼苗需要良好的排水系統和充足的陽光。

從室內開始

你可以在室內把鼠尾草從種籽栽培成成熟的植株。

然而，如果你打算把幼苗移植到戶外，你應該從預期最後一次霜降的前3到4週開始播種。

育苗方式

你可以用育苗盆或育苗盤，以包裝好的育苗土或混合著一些蛭石或沙子的培養土來孵育種籽，這些材料在園藝中心或園藝用品店都找得

到。在每一個容器底部鋪一層小卵石或碎石，以確保排水良好。把滅過菌的培養基材弄溼，然後填裝到容器裡。將土壤壓實，直到土表距離容器口緣大約3公分為止。最後把鼠尾草的種籽撒在土壤表面。

鼠尾草特別容易感染苗枯病（往往會殺死幼苗的真菌疾病），而且它需要一點光線才能發芽，請你為種籽蓋上一層很淺的（薄薄一層）蛭石（第4級）——那是一種無菌介質，可以讓發芽中的種籽接觸到充足的陽光。

為了確保種籽發芽有足夠的溼度，請為你的育苗盤或育苗盆蓋上一片玻璃或透明塑膠薄膜。土壤的溫度最好保持在攝氏18度到23度的範圍內——使用加熱板或把容器放在室內任何一處溫暖的地點，像是散熱器附近或冰箱上頭。在室內，種籽應該過2至3週就發芽了。

幼苗的照護

一旦幼苗冒出來了，你就能拿掉玻璃罩或透明塑膠罩，然後把小植株放到陽光充足的窗戶旁，或置於生長燈下。如果是放在窗邊，要記得常常轉動植株，這樣它們才會長得筆直，而不是朝光源的方向彎曲生長。如果植株看起來長得又細又高，可能是光線不充足的關係。要澆水，但請別過度了：在距離下次澆水前的這段時間內讓土壤慢慢變乾。

當幼苗長出2到4片葉子時，它們即將需要更多空間，這時要把它們移植到個別的容器裡。如果你最終打算把鼠尾草種在戶外，可以考慮使用泥炭盆，它能夠直接放到泥土裡，而且會隨著時間和植物的生長而分解。在容器裡填入溼潤的培養土，用果醬刀或壓舌板輕輕地（從育苗盆裡）將幼苗挑出來。注意：處理幼苗時要捏住葉子，因為幼苗的莖

很容易受損。把它們放到新盆，用土壤小心地蓋住根部，並且稍微澆點水。然後，把植株放到陽光充足的窗邊或置於生長燈下。

把幼苗從容器裡挑出來。

耐寒訓練

在把植株正式移植到庭園裡之前，你要先幫它們做耐寒訓練。每天把幼苗移到戶外曬幾個小時的太陽，但在寒冷的夜晚要將它們移回室內。逐漸拉長放在戶外的時間，直到植株有能力在戶外生存。在所有的霜害過去之前，不應將鼠尾草幼株移植到庭園裡。

鼠尾草的耐寒程度

各種鼠尾草在耐寒程度的分佈上非常廣。許多在北方是1年生植物的鼠尾草，到了南方庭園卻是很好的多年生植物。有些種類的鼠尾草在美國大部分地區是耐寒的，但有些種類在全美各地都應被視為1年生植物。舉例來說，鳳梨鼠尾草（學名*Salvia elegans*）耐寒的程度頂多到攝氏-7度至-12度，在寒冷的北方只能當做可愛的1年生植物來栽培。請參考個別種類的相關資訊，或利用園藝參考書來確認你的鼠尾草的耐寒程度。

移植

把幼株移植到庭園時，應該選擇灰暗、多雲的日子，或者最好是飄著細雨的天氣。這樣的天氣能夠讓植物有時間適應它們的新環境，不用一直頂著大太陽。

小心選擇你的地點：大部分發育完全的鼠尾草都喜歡陽光充足的場所（在北方是全日照，在南方是部分遮蔭）和排水良好、pH值介於6.0到7.0之間的土壤。

值得注意的一點是，鼠尾草很需要成長空間，因此幼株的間距應該要有46到61公分。一株成熟、3歲大的普通鼠尾草，在良好的成長狀況下可以長到90公分高和90公分寬。

從戶外開始

鼠尾草也可以直接種在庭園裡，但是必須等到所有霜害的威脅都過去了、且土壤溫暖起來會達到大約攝氏10度的時候。

如果想看看土壤準備好了沒，就拿起一把土然後擠壓一下。觀察當你打開手掌時它的反應，如果它仍然是一團壓緊的球狀物，你最好再等一等——土壤中的含水量可能太高。假如土壤從壓緊的球狀物上慢慢地剝落下來，它就準備好迎接植株了。

掘土，清除所有雜草，並且把土壤耙鬆。在地上做一道大約0.5公分深的淺溝，然後以2.5公分的間距在淺溝裡播種。

覆蓋上一層薄薄的蛭石，並且小心澆水，要確定沒沖掉表層土壤或種籽。

記得用透明標籤仔細地記載你把種籽種在哪裡。

鼠尾草不喜歡擁擠，因此當植株長出第2對真正的葉子時，要開始幫幼苗疏苗。清理幼株擁擠的區域，直到剩下的植株間距都在45到60公分左右。如果你有很多鼠尾草幼株，你可以考慮送給朋友。一棵植株即足以提供一個家庭烹飪所使用的葉子量。

庭園裡的照料與維持

有些鼠尾草，像是「快樂鼠尾草」，可以忍受乾燥的土壤，但是大部分的鼠尾草喜歡生長在排水良好的土壤中並接受定期澆水（儘管已經穩定的鼠尾草植株通常是耐乾旱的）。鼠尾草在pH值介於6.0到7.0之間的土壤中可以長得很茂盛。記得要幫移植的植株充分澆水，直到它們在庭園裡完全穩定為止。對於多年生的鼠尾草，要記得在冬天時為它們蓋上護根層。

當春天來臨時，要好好修剪鼠尾草並且用高磷高鉀但低氮的肥料（例如氮磷鉀含量為5-10-5或5-10-10的混合肥料）為它們施肥。鼠尾草1年最多可以修剪3次——不過在北方，自9月之後就要避免修剪，因為這會刺激新生枝芽，但新生的枝芽熬不過冬天。成熟的鼠尾草植株容易木質化，而且株齡愈大產量愈少。大約3年之後，你就會想用新植株取代它們了。

室內和戶外栽培

鼠尾草在室內和戶外都可以長得很好。使用比庭園土壤還輕的介質：將大約2份的壤土和1份泥炭苔、1份蛭石（第2級）混合在一起，讓土壤保持鬆軟。不過，在花盆、花架或桶子裡栽培鼠尾草最重要的條

件是排水良好，所有栽培容器的底部都需要有排水孔。如果你想使用裝飾用的花盆架，請不要把鼠尾草直接種在裡面——要種在可以放到花盆架裡的盆子裡。如此一來，可以時常檢查是否有積水的現象。

移植已穩定的植株

如果你打算把庭園裡的鼠尾草種到盆子裡，並且在秋天移到室內的話，你可以拿從仲夏開始栽培出來的幼株試試，它們更容易適應室內的環境。記住，乾燥的鼠尾草跟新鮮的一樣好。與其培育出不健康的成熟鼠尾草移植植株，不如維持其葉子的供應量和將葉子乾燥保存。

戶外：鼠尾草是天台盆栽庭園的首選，因為它很能夠忍受風吹。木質化的莖梗也使它夠堅韌，足以適應高海拔的庭園——你會發現它很常野生於西部迎風丘陵——所以它生來就適合都市庭園、適合種在天台，甚至建築物外的逃生梯上。假如容器大到足以滿足根的生長，便可以在秋天時修剪鼠尾草，好讓它在春天再生新枝芽。

室內：排水良好加上充足的光線，鼠尾草在室內也能夠生長茂盛。朝南的窗戶和至少半天的陽光，是最適合普通鼠尾草及其他品種鼠尾草的最佳條件。鼠尾草可以在人造光源下生長——把螢光燈吊在植株正上方大約15公分高的位置，可以產生很好的效果。

如果你種在室內的鼠尾草長得又高又細瘦，那就表示它沒有得到足夠的光線。如果你已經使用人造光源，請確定植物頂上的光源和它靠得夠近。如果你的植物是放在窗台上，你也許可以試試室內的其他地點，或投資在照明系統上。

採收鼠尾草

什麼時候該採收呢？香草的普遍法則是，如果你打算將它們用於精油蒸餾或乾燥，便要趁它們正要開花前採收。不過在它們的整個生長季裡，你隨時都可以採收新鮮的葉子使用。

採收鼠尾草的葉子要在早晨，但是要等到葉子上的露珠乾了之後。如果你等到午後才採收，此時太陽已經耗掉一些精油，所以香草就流失一些精華了。

可能的話，在採收前的前一晚先在庭園裡沖洗鼠尾草植株——用澆花器或水龍帶輕輕澆灑植株，包括葉子下方。如此一來，你就可以略過採收後的沖洗步驟。

綁成束的鼠尾草很容易風乾，吊在廚房乾燥的期間，它所飄散的芳香令人心曠神怡。把剪下的乾淨枝條一小束一小束地綁好，吊在沒有陽光照射又通風的適當地點。

你也可以把每束鼠尾草放到一個牛皮紙袋裡晾乾，尤其是如果你有大量的香草要保存的話。牛皮紙會吸收葉子的水分，但不會吸收精

把香草聚集成一束一束的，吊起來晾乾。也可以放在紙袋裡晾乾。

油，而且能阻隔光線，保留其色澤。把袋口拉到綁成束的香草的梗子末端，使袋子完全包住香草束，然後用線繫好，留一點長度的枝梗露在袋口外，才方便把香草吊起來。請不要讓香草接觸到袋子的內緣。1到2週後打開紙袋，檢查香草的乾燥狀況。如果葉子乾脆而且能夠輕易地弄碎，就把袋子放在兩手間輕輕滾動——植株上的葉子會掉到袋子底部，之後便很容易取出梗子。

如果鼠尾草的葉子沒有完全乾透，會很容易發霉，而且放到研缽裡搗碎時，也容易變成一團毛茸茸的東西。假如是這樣，那些葉子在乾燥的過程中也許需要一些幫助，尤其是如果你打算把它們磨成粉的話。

若想讓葉子完全乾透，就把它們鋪在烤盤上，放入溫度設定在攝氏65度的烤箱，烤箱門要留個縫，然後小心盯著鼠尾草葉子——假如葉子一放進烤箱你便聞到鼠尾草的味道，此時就要降低烤箱的溫度。每幾分鐘攪動一下，當香草變得乾脆之後，盡快取出烤盤。

假如葉子一碰到便容易碎掉，那就應該貯存起來，可以把它們磨成粉，裝到瓶子裡。或者，假如想拿葉子來泡茶，那麼在收到容器裡的時候要很小心，葉子才不會支離破碎。記得把乾燥鼠尾草貯存在深色的密封罐裡，然後放到涼爽、陰暗的地方。

為你的庭園選擇最適合的鼠尾草

鼠尾草屬於唇形花科，這一科裡頭包含了許多廚房香草。鼠尾草屬所包含的鼠尾草超過750種，並且遍佈全世界。大部分的鼠尾草喜歡

生長在多砂礫的乾燥地點，其莖的橫截面通常呈正方形，葉片往往是對生，通常呈橢圓形或柳葉刀形。鼠尾草的花朵以螺旋形排列在細長的花穗上，有兩唇花冠：下唇三裂，上唇二裂；花色有紅色、藍色、白色、紫色和淡黃色。

每種鼠尾草都有它獨到的特色和生長之道。家庭園藝家可以找到愈來愈多種類的鼠尾草，它們有著不同的特徵、大小、習性、形狀和顏色，其中有許多非常適合常駐於你的庭園，相信你一定會喜歡它們。（台灣種植品種極多，較常見的有普通鼠尾草、黃金鼠尾草、三色鼠尾草、鳳梨鼠尾草、粉萼鼠尾草、一串紅等。）

普通鼠尾草 *Salvia officinalis*

普通鼠尾草 是傳統填料食譜中最常使用的調味料之一，而且我們常常把它的濃郁香氣和風味與感恩節火雞大餐聯想在一起。這是在大部分植物和種籽供應商店裡都找得到的種類。

這種枝葉茂密的植物，其尖頭、灰綠色的皺葉大約5公分長、19公分寬（或稍窄）；葉子的邊緣呈細齒狀，有天鵝絨般的觸感，在有葉脈的表面上長著小絨毛。普通鼠尾草的葉子仍然會附著在木質化的莖部上度過整個冬天。這種鼠尾草能夠長到大約60公分高、90公分寬，而且開著藍紫色、粉紅色或白色的鮮豔花朵。

普通鼠尾草

普通鼠尾草是耐寒的植物，它甚至在攝氏-20度左右的地方，都還可以當做多年生植物來栽培，但在更低溫區域則是1年生植物。

普通鼠尾草及其他鼠尾草的土壤pH值應落在6.0到6.7之間的範圍。在栽培和以魚肥或有機液肥施肥之前，要先在庭園土壤中混入優質堆肥或腐熟的糞肥。

普通鼠尾草在全日照及排水良好的土壤中生長得最好。它喜歡比較涼爽的天氣，而且在炎熱的南方可能難以栽培，因為南方的溼熱氣候容易使它遭受白粉病的侵擾。

普通鼠尾草不能種在需要常常澆水的植物附近，例如蘿勒。

在嚴寒的冬天以含鹽的輕乾草（如鹽沼燈心草）或松枝為鼠尾草蓋上護根層，是個很好的措施。

在春天時要大量地修剪枝葉，剪掉任何的枯枝。

普通鼠尾草在春末時可能會開出藍色、白色或粉紅色的花。以下列出它的栽培品種中特別有趣的幾項：

白花鼠尾草 *Salvia officinalis 'Albiflora'*

外觀優美的鼠尾草栽培品種；斑紋葉上交雜著綠色與金色，開白花；可用於烹飪。

但在北方極低溫地方（低於攝氏-20度）可能不耐寒——因此被當做1生年植物來栽培；可以長到60至81公分高、90公分寬。

黃金鼠尾草 *Salvia officinalis 'Icterina'*

耐寒性可至攝氏-18度左右；是一片翠綠色的庭園中很搶眼的角色；在北方不是很能適應冬天，但在南方則適應得很好；可以長到60至81公分高、90公分寬。

紫葉鼠尾草 *Salvia officinalis 'Purpurascens'*

耐寒性可至攝氏-18度左右；葉子呈紫色／灰色，風味濃郁，可製成很棒的花草茶；其實它長得跟普通鼠尾草很像，可以長到60至81公分高、90公分寬。

三色鼠尾草 *Salvia officinalis 'Tricolor'*

耐寒性可至攝氏-18度左右；有灰綠色的條紋葉片和白色、紫色、粉紅色的花朵；在北方並不是很耐寒，但可當做庭園裡的美麗裝飾；高度和寬度皆可達45至60公分。

鳳梨鼠尾草 *Salvia elegans*

原生於墨西哥，這種不耐寒的多年生植物，耐寒性只可到攝氏-7度左右，在更冷的地方要當成1年生植物來栽培；它具有鳳梨般的香味。淺綠色的尖葉大約9公分長，上面覆著柔軟的絨毛。無論是室內栽培或戶外栽培，鳳梨鼠尾草都很受到園藝家的喜愛，因為它生長迅速，而且只要一個生長季就能長得又高又茂盛。

它的莖在幼株時披有絨毛，但是在夏末就長成堅硬的木質莖。鳳梨鼠尾草的高度和寬度都可以達到90公分。

在秋末和冬天時，植株會長出顯眼的紅色到粉紅色的狹長管狀花──在北方，我們很少看到鳳梨鼠尾草來得及在霜降前開花。它的花朵可以長到2.5公分長，很吸引蜂鳥和蝴蝶。

如果你想把鳳梨鼠尾草從庭園移到室內，在把它和其他植物放在一起前，要先仔細檢查是否有患病。放到室內之後，也需要定期檢查是

否有出現紅蜘蛛蟎和粉蝨。鳳梨鼠尾草是一種非常不耐寒的植物，所以，如果你把它放在室內，要確保能給予它足夠的光線和避免寒風，這樣它才能成長茁壯。

如果你住的地方，低溫介於攝氏-7度至4度間，也就是鳳梨鼠尾草耐寒的區域，請在植物開花後將植株修剪到20至30公分高。冬天時要做好護根的工作；春天時留心植株的生長狀況，並且使用肥料。

你可以在專門種植香草的庭園中央看到鳳梨鼠尾草，它很值得栽培在香草帶。

它芳香的葉子可用於茶、芳香盆或插花。不過，它的乾燥花用在芳香盆裡更為出色，花的顏色可以持續好幾年。

一串紅 *Salvia splendens*

一串紅是一種非常不耐寒的多年生植物，耐寒性只可到攝氏-7度左右，它在幾乎全美各地都應該被當做1年生植物來栽培。做為1年生植物，它可以長到90公分高；在比較溫暖的地區，做為多年生植物，它最多甚至可以長到244公分高。柄上的葉子是鮮綠色，花通常是鮮紅色（不過有時候也有粉紅色、淺紫色或紫色）。

一串紅是裝飾性鼠尾草裡頭最常見的種類，它喜歡全日照，花朵從夏初一直開到霜降。

在園藝中心最常販售的紅色鼠尾草往往是一串紅，它是蜂鳥庭園裡很受歡迎的植物——蜂鳥喜愛鮮豔的花朵。

把一串紅種在全日照或部分日照區，植株間距大約30到46公分。一串紅需要定期澆水，乾燥的土壤會令它枯萎。

快樂鼠尾草 *Salvia sclarea*

這種長葉的2年生鼠尾草在「北美植物耐寒分區表」第4區是耐寒的，是罕見的庭園植物。它氣味濃郁的皺葉有齒狀邊緣，葉子上覆著灰灰的絨毛，它的花（開在第2年）是乳白色加淡紫色或粉紅色的雙色花朵。在仲夏，它的闊唇花會引來蜂鳥；在生長季後期所結出的綠色種籽，會將金翅雀吸引到庭園裡。

快樂鼠尾草

快樂鼠尾草能夠在乾燥的土壤中長得很好。它的種籽發芽迅速，當霜害的危機過了之後，可以將幼苗放到戶外。它可以自然播種，可長到90公分高、60公分寬。

快樂鼠尾草的味道很強烈。在英國，它常用來取代啤酒花；在德國，則用來提升酒的風味。

快樂鼠尾草的葉子可以拿來搗碎或拿來炒。用於乾燥花擺設和酊劑也很有價值：人們認為它有幫助消化的功能，也可用於腫脹時的溼敷或引出碎片。

其他品種的鼠尾草

銀鼠尾草 *Salvia argentea*

一種直豎、呈分枝狀的品種，白色的花朵帶著些許粉紅色或黃色，大葉片上覆著銀色的絨毛，可以長到60至120公分高。

藍鼠尾草 *Salvia azurea*

原生於從明尼蘇達州南部到德州的大平原，開著美麗的藍色花朵；做為多年生植物，它可以長到約150公分高。

德州鼠尾草 *Salvia coccinea*

又名紅花鼠尾草，在攝氏-12度以上地區是多年生植物，在其餘地方要當做1年生植物來栽培；這種茂密的植物可見於南卡羅萊納州到佛羅里達州，西至德州、墨西哥和熱帶美洲；繁盛的紅色花朵（有時候是白色）大約2公分長；可以長到90公分高和46公分寬。

粉萼鼠尾草 *Salvia farinacea*

又名丹參草；長長的枝梗——很適合做扦插繁殖——上開著紫藍色的花朵，花期從春末一直延續到第一次霜降，可以長到90公分高，原生於德州和新墨西哥州。

薰衣鼠尾草 *Salvia lavandulifolia*

又稱做狹葉鼠尾草或西班牙鼠尾草；形狀修長，帶點灰色，毛茸茸的葉子有著香脂和薰衣草的芳香，莖上覆著一層細細的毛，開著藍紫色的花，可以長到51公分高和60公分寬。

墨西哥灌木鼠尾草 *Salvia leucantha*

灰綠色的葉子襯托開著淺紫色花朵的大量花穗；在乾熱的條件下生長茂盛，能夠忍受乾燥的砂質土；不耐冬寒；可長到120公分高。

紅頂鼠尾草 *Salvia viridis*

筆直的1年生植物，有中綠色的葉子和粉紅色、玫瑰色、白色或紫色的花朵；假如摘去枯花，可以再次開花；高度可以長到46公分，但是寬度大約只有20公分。

用鼠尾草做料理

雖然把鼠尾草用於藥草茶和食物防腐劑已經有好幾個世紀的時間，但是直到17世紀人們才把它當成食物的調味料。

鼠尾草的存在相當令人驚豔，英國人發現這種香草的許多用法，包括今日最普遍的一種：肉類的填料。

今日在英國，鼠尾草最常見的用法之一，就是使用於德比起司，把新鮮的鼠尾草葉子和像切達起司之類的東西層層相疊，以創造出綠色大理石紋的效果。

鼠尾草和其他味道強烈的香草也很搭配，像是迷迭香、夏季香薄荷及冬季香薄荷、月桂、百里香和奧勒岡。

試著把這些香草混合在一起吧，能夠為湯品或燉品增添豐富的味道，相信我，你一定會喜歡。

以下的食譜只是讓你在烹飪中開始試用鼠尾草的範例，等到你逐漸適應它特殊的風味後，就可以開始嘗試和其他香草搭配使用，或者和我一樣，創造出屬於你的私人食譜！

我已經開始等不及了。

佐料、開胃菜和小點心

這些小點心和抹醬的食譜，可以讓你在任何餐食上都有一個很好的開始。試試鼠尾草及其他香草應該使用多少量，直到你找到最適合自己的風味。

鼠尾草醋

所有用來做香草醋的工具都必須是無菌的。用溫的肥皂水洗淨所有的容器和器皿，然後用熱水沖乾淨。

用普通鼠尾草和白酒醋或蘋果醋裝滿1個乾淨的瓶子或罐子，每2杯醋使用1杯未壓緊的新鮮葉片（或1/2杯乾燥葉片）。將容器蓋緊，放到陰暗的地方，以常溫浸泡3週。每天輕輕搖晃1到2次。

將鼠尾草混合物過濾後，記得嚐嚐味道。若希望風味再濃郁些，就用新鮮香草重複一遍。最後倒入乾淨無菌的瓶子裡。可以放入1枝鼠尾草做裝飾，蓋緊蓋子，貼上標籤。

香草醬

在摘取香草的前一天，先在庭園裡沖洗香草。

- 1到2片蒜瓣，壓碎
- 鹽和現磨胡椒
- 225公克奶油，室溫
- 新鮮迷迭香、檸檬百里香 P066 、奧勒岡和普通鼠尾草 P222 各1茶匙

1.把大蒜、鹽和胡椒拌到奶油裡，然後加入香草葉子。你可以用手或食物處理器來做。

2.把混合物冷藏至少3小時，讓香草的風味融合在一起。冷凍保存可達3個月。

香草醬的用法

- 放到小塑膠模裡冷凍，待日後使用。

- 捲成圓柱狀，用塑膠袋包起來，冷凍。需要時切成圓片狀使用。

- 用奶油捲製器做成圓圈。

- 把捲好的香草醬展開，用餅乾模具切成各種漂亮的形狀。

- 攪打香草醬，然後放到陶製醬料碟或小碟子上。

快樂鼠尾草油條

假如當做甜點來吃，快樂鼠尾草油條可以裹上糖粉。它也可以當做配菜，以原味搭配肉類食用。

- 1顆蛋
- 1杯麵粉
- 1小撮鹽
- 快樂鼠尾草 P226 乾燥葉片
- 1/2杯白酒或啤酒
- 用來炸東西的油

1.將蛋黃和蛋白分離，把蛋白打成白沫狀，蛋黃打散。

2.把鹽和酒拌到麵粉裡，然後加入蛋黃攪拌均勻，再加入打好的蛋白。

3.準備一個用來炸東西的平底深鍋，倒入油，加熱。

4.把快樂鼠尾草的乾燥葉片浸到麵糊裡，將麵糊放到油裡炸。當麵糊膨脹和呈焦黃色時就可取出。

鼠尾草填料

　　長久以來，人們一直用氣味強烈的鼠尾草來為填料調味。試試以下這些傳統（但又不是那麼的傳統）的填料食譜——用它們來做火雞或雞的填料，或用來取代一般的馬鈴薯、米或麵等副餐。

新鮮鼠尾草雞填料
（完成品為4到6杯）

　　因為在11月下旬你還有可能收成新鮮的鼠尾草葉子，所以這是一道很好的感恩節食譜。

　　其實只要做大量些，便可以當成火雞填料。

- 1條不那麼新鮮的麵包，老式的白麵包或較深色的種類
- 1/2杯切碎的洋蔥
- 1/3杯芹菜珠
- 4湯匙新鮮的普通鼠尾草 P222 ，切碎，或2湯匙乾燥的
- 3湯匙切碎的新鮮歐芹
- 鹽和現磨胡椒

1.把麵包切成小方塊（或用手剝成小塊）。

2.加入洋蔥、芹菜和香草。

3.最後用適量的鹽和胡椒調味。

「自己的」套裝填料

（完成品為3杯）

- 1條乳瑪琳或奶油
- 1/2束新鮮歐芹，切碎
- 2又1/2杯雞湯或罐頭雞湯
- 4湯匙新鮮的普通鼠尾草葉 **P222**，切成條狀
- 1顆洋蔥，切碎
- 鹽，適量
- 6枝芹菜，切丁
- 1包455公克的原味麵包填料
- 現磨胡椒

1. 烤箱先預熱至攝氏218度，接著再將一個容量約3公升的砂鍋塗上奶油，以備後續使用。
2. 把奶油、雞湯、洋蔥、芹菜、歐芹、鼠尾草和適量的鹽放到一只大平底深鍋裡煮滾，大約10分鐘。
3. 把麵包填料放到碗裡，緊接著請將步驟2中煮好的溫熱混合物直接倒上去。
4. 請用抹刀或湯匙持續攪拌，直到混合均勻，然後放涼。
5. 再次攪拌，加入適量的胡椒。裝到砂鍋裡，烤30分鐘。

主餐

這裡有一些風味絕佳的膳食食譜。

和之前一樣，你可以試試應該用多少量的鼠尾草和其他香草，直到你找到最適合你的風味。

夏季蔬菜湯

（6人份）

湯
- 1根韭蔥，切碎
- 1顆洋蔥，切丁
- 2杯胡蘿蔔，切丁
- 8顆小的嫩馬鈴薯
- 1顆中型番茄
- 455公克的新鮮蔓越莓豆或蠶豆，去殼
- 6枝新鮮的普通鼠尾草 `P222`
- 10杯水
- 225公克四季豆
- 1顆西葫蘆，切塊
- 115公克義大利細扁麵，弄成小段

香蒜醬
- 4片蒜瓣，壓碎
- 1/3杯蘿勒，切碎
- 1/2杯現磨帕馬森乾酪
- 1/4杯橄欖油
- 1顆中型番茄

1. 以中低火微炒韭蔥和洋蔥，直到剛好變成焦黃色。加入胡蘿蔔、馬鈴薯、切碎的番茄、蔓越莓豆或蠶豆、鼠尾草和10杯水。煮滾，然後轉小火，蓋上鍋蓋悶煮45分鐘，或直到蔬菜變軟。

2. 出餐前大約25分鐘，加入四季豆、西葫蘆和義大利細扁麵。若有需要的話就加點水。混合均勻，然後繼續煮。

3. 趁著煮湯的最後階段做香蒜醬。把大蒜、蘿勒和帕馬森乾酪放到食物

處理器裡攪拌，打成顆粒狀。慢慢地加入油，同時持續攪拌，直到混合物變得滑順。把番茄細細切碎，用篩子瀝掉水分，加到醬裡頭。

4. 取1滿匙的熱湯倒到醬裡，混合均勻，然後再把醬倒回其餘的湯裡，混合均勻。趁熱出餐。

將鼠尾草用於料理的小訣竅

- 把新鮮的鼠尾草放在黑麥或其他深色穀物做的麵包上，夾到烤起司三明治裡。
- 把1杯新鮮的普通鼠尾草葉片浸泡在1瓶白酒或玫瑰酒裡，做成自己的鼠尾草酒。
- 試試把鼠尾草加到有番茄、洋蔥和起司的披薩裡。
- 用等量的普通鼠尾草、歐芹和墨角蘭，與松子和帕馬森乾酪混在一起，做成香蒜醬。
- 把切碎的鼠尾草加到玉米馬芬糕預拌粉裡。
- 在做菜前，把切碎的鼠尾草加到用於雞肉、豬肉或其他肉類的麵包屑裡。

細 香 葱
栽培與運用

在番茄肉醬義大利麵上，
輕輕灑上一點細香葱末，
那裊裊上升的白煙裡，
映現的是令人幾近發狂的喜悅……

種植與栽培

細香蔥是最容易、也最值得家庭園藝家栽培的香草之一。細香蔥是耐寒的植物，在各種氣候下都能夠生長茁壯。在野外的棲地上，細香蔥能夠在岩石間和迎風的山腰上所聚積而來的砂質土中設法生存。不過，它們還是有自己的喜好。

細香蔥喜愛肥沃、排水良好、pH值介於6.0和7.0之間的土壤。它們喜歡陽光，但是部分遮蔭也可以維持生命。總而言之，細香蔥會忘卻不完美的環境條件，仍然用長長一季的甜美收穫來報答你。

細香蔥

栽培前的核對清單

在你去育苗中心或園藝中心購買細香蔥植株前，先用以下的問題問問自己：

- 我要在哪裡種植細香蔥？

- 我有適合的庭園空間嗎？

- 我會想季節性地把植株移到室內或戶外嗎？

- 我想種多少細香蔥，以及我希望它們長到多大？

- 我在一開始的時候願意付出多少心力？

- 我想種植什麼種類的細香蔥？

起始指標

任何人都可以種植細香蔥，不過有些栽培出美味香草的方法，比其他方法更具挑戰性。最簡單的栽培方法是向育苗中心或園藝中心購買健康的植株。

當你選購植株時，要挑選筆直和色彩鮮豔的；色澤晦暗和下垂的葉子並不是健康的跡象。

檢查盆子的底部，看看根有沒有長出排水孔外？若有的話，這表示植株已經被侷限在一個小盆子裡太久，連根都長到外面去了。如果可以的話，盡量避免這些植株。

問問育苗商，那些植株是否已經做過耐寒訓練——那表示植株已經充分接觸過戶外環境，可以直接種在庭園裡。

一旦你做好決定，也買了一些細香蔥，你就可以把它們移植到你的庭園裡。

所有品種的細香蔥，都可以和玫瑰、胡蘿蔔、番茄及葡萄混栽。

從種籽開始栽培：按部就班的指引

若要從種籽開始栽培，新鮮度是很重要的。請跟可靠的供應商購買當年收成的種籽，把你從地下室翻出來的30年前的種籽丟掉。

你可以在任何時候播種，不過大部分的人會在春天播種。講到栽培容器，你有以下幾種選擇：有些園藝家喜歡泥炭盆的簡便，那是一種用壓縮泥炭苔做成的小盆子，當植物準備好移到更大、更明亮的地方時，泥炭盆可以直接種到庭園土壤裡。

另外有些園藝家會投資於複式育苗盤——包含水盤和上置盆的塑

膠栽培皿，長方形大水盤用於排水和灌溉，上置盆裡有許多像盆子般的凹口，而且每個凹口中都有1、2顆種籽。

複式育苗盤裡的幼苗在可重複使用的育苗盤和它們所生長的那一小「杯」土壤裡很容易發芽，當你把它們種到別的地方時，它們的根會好好的抓住那些土壤。

複式育苗盤的優點是很整齊，而且自給自足；泥炭盆和小塑膠盆需要放置到水盤上，而且可能比較不好處理。

如果你已經有幾個5到7.5公分的栽培盆，可以湊合著用來播種。如果你已經存了幾個因為購買幼苗而附帶的6格塑膠育苗盤，那就拿來用──它們非常好用。

任何淺的容器都可以用來播種細香蔥的種籽，選擇對你來說最方便的──並試著盡可能回收舊容器！

種籽需要特別的土壤才能發芽和成長。大部分的園藝用品供應商都有育苗專用的培養土，所以你不需要自己混拌培養土。這些培養土的配方裡富含有機物，像是泥炭苔及其他保溼成分，這有助於種籽的保溼，也提供種籽一個合宜的生長環境。

育苗培養土的質地比一般培養土或庭園土壤還要細緻，不過它們所含的養分並不是非常豐富，因為種籽發芽所需的營養並不像成長和開花那麼多。

按部就班的播種技術

1. 把土壤撒到花盆或培養盤裡，直到滿出來為止。

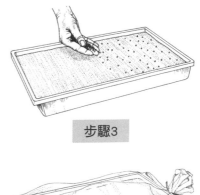

步驟3

2. 從頂端刮掉多餘的土壤，使土壤高度和盆口高度一致，然後輕輕敲花盆，讓土壤密實。變密實的土壤應向下縮減0.5到1.5公分，視盆子深度而定。用一片廢木料把表面推平，然後用澆水器輕輕澆水。

步驟4

3. 把細香蔥種籽撒到準備好的土壤上，密度大約是每2.5公分的空間撒4粒種籽。種籽發芽需要光線，所以不要蓋上土壤。

4. 許多育苗材料包都有可以把這個小組件變成迷你溫室的透明塑膠罩。如果你的複合式育苗盤附有「溫室」罩，就把它蓋到育苗盤上，並且放到一個溫暖的地點讓種籽發芽。如果你沒有罩子，你可以另行選購，或是以一般用品或廢物利用，自己做出一個類似的東西。麵包店用來裝蛋糕和餅乾的盒子上通常有透明塑膠片，可以把小花盆放到盒子裡頭保溼和保溫。也可以把小育苗盤和小花盆放到塑膠袋裡，輕輕綁起袋口，然後戳幾個透氣孔。

5. 把育苗盆放到溫暖但不受太陽直接照射的地方，等待種籽發芽，請保持土壤的溼潤，但不要溼透。

6. 當你看到綠色的小芽開始從土壤中冒出來時（要有耐心，因為也許要花上2週到好幾個月的時間），把「溫室」打開，讓空氣流通。

7.保持土壤的溼潤,讓細香蔥繼續長到大約3至5公分高。這時候就可以把它們移植到庭園或栽培容器裡了。

幫助細香蔥在戶外生長

如果你把細香蔥種在戶外,那麼你必須幫剛出生的幼苗熟悉難以預料的戶外世界。這個過程叫做耐寒訓練,必須讓植株慢慢習慣於直接接觸陽光、風和溫度的波動。

挑一個風和日麗的日子做為耐寒訓練的開始,把幼苗放到戶外一處有遮蔭且不受風襲的地點。如果你很難找到這樣的地方,你可以把盆栽幼苗放進一個紙箱裡,打開上蓋,如此便能阻擋強風,也能讓植株直接接觸到陽光。

每天晚上要把植物帶進室內,經過4至5天後,把幼苗移到一個暴露性更高的地點,讓它們直接接觸微風和陽光。繼續在晚間把植物移到室內,直到所有寒害的可能性都過去了。然後,幼苗就準備好被移植到你幫它們選擇的地點。

按部就班的移植訣竅

最適合移植的時機是在清晨,因為這時候的陽光比較溫和,土壤也因為露水而仍然溼潤。

1.在移植前一晚,幫細香蔥在庭園裡的新家好好澆水,做為移植前的準備。還有,在即將把細香蔥幼苗移植到庭園裡之前,先把土壤耙鬆。

2.幫幼苗澆水有助於讓幼苗的根與土壤結合在一起，並防止根部創傷。

3.挖一個比你所種的植株的根球稍寬、稍深的洞。

4.如果你用的是泥炭苔，只要把整個盆子種下去就行了。否則的話，請輕輕地把幼苗從育苗盆裡倒出來，不要讓細香蔥的嫩芽承受任何壓力。如果你用的是複式育苗盤，你也許會發現從「花盆」底部按壓，可幫助根和土壤脫盆。如果你的花盆比較堅硬，就把盆子輕輕倒過來，另一隻手形成杯狀放在下方，如此便可以從邊緣接住土壤，而不會壓扁植株。

5.把植株放進準備好的洞裡。

6.把洞裡原本的土壤小心地填到植株周圍的空間，然後用手指輕拍土壤，把土壤壓實。

7.充分澆水，但動作要輕。每一叢幼苗的間距至少要15公分。

8.當細香蔥開花時，從植株的基部剪下花梗。這個作法會讓植株在整個生長季節裡持續長出新枝。

　　從這裡開始，大多數情況下細香蔥應該能照顧自己了。直到植株穩定之前，只要在乾旱時給它們一些水就夠了。

　　在每一叢的基部四周噴灑肥料，可以保持土壤有足夠的養分。不過就算沒有特別的照料，憑細香蔥的耐寒性，也足以在大部分的土壤中生長茁壯。

未來的維護

　　當細香蔥成熟時，原本的花盆便不敷使用，所以切合實務的作法是每3至4年就要分株。

1. 在春天，當細香蔥開始顯現出健康成長的跡象時，就可以把它整叢挖起來了。請小心挖掘，並且要掘得夠深，才能將所有的根挖出來。

2. 用手指拉開叢根，或用利刃切開。取一叢你想要的大小，種回原來的地方，並將其餘的種在別處。每一叢都應該包含至少10棵植株，才能確保細香蔥夠強壯，能夠靠自己活下來。

輕輕拉開母株，分成幾小叢，每一叢應該包含至少10棵植株。

3. 為土壤補充養分。在重新種回植株並且把根部周圍的土壤壓實之前，拿1、2把堆肥或腐熟糞肥和在土壤裡。

4. 如果你想要更多細香蔥，就把其餘的植株種到庭園的其他地方，準備苗圃的方法就跟上述步驟一樣。

當然，你也可以把一些細香蔥種到花盆裡，放在室內，讓你一年到頭都可以收成。

你也可以把種在花盆裡的細香蔥送給朋友，或是把它們添到堆肥裡，成為未來幾個月裡活下來的植株的養分。

採收時間

細香蔥自春天開始成長的那一刻起就可以採收，直至秋天的初霜。細香蔥讓園藝家愛上它的一點是，它是香草庭園裡第一批冒出綠色

嫩芽的其中之一。不過，在你開始嘗試收割以供廚房使用之前，要讓植株長到至少15公分高，才能確保植株在整個生長季裡都會持續生長。

在採收時，用一把利刃從接近植株基部的地方割下梗子和葉子。

雖然你可以為了細香蔥的綠葉選擇採下整個植株，但是小心地採收才能維持細香蔥健康和漂亮的外觀。請從你所能達到的最低點剪下葉子或花梗。

請相信我，這件事相當重要。因為不管梗子上還剩下什麼，到最後都會變得又硬又枯黃，而且葉子在剪口處也會變得枯黃，這些都不是你在庭園裡樂於見到的景象。

請用零星分佈的方式採收枝梗和葉子，千萬不要從一棵植株上採太多枝葉，如此一來，你的植株才不會看起來「光光」的，以致影響了美觀的視覺效果。

不要為了晚餐的葉子而剪下正要開花的梗子。一旦花苞開始綻放，它的梗子就會變成足以支持花的重量的強健花梗。

必須說，這種梗子不只老、纖維又多，而且風味不佳，你不會希望它成為你晚餐菜餚的一份子。

在採收細香蔥的花時，請從基部剪下花梗。如果你只是把花採下來，那麼那些花梗會很快變成難看的棍子，之後每當你要採收細香蔥時就會擋住你。

貯存與保存的技術

　　由於細香蔥主要是新鮮使用，所以若要一整年裡都能享受細香蔥的風味，最好的方法是在窗台上種盆栽。當然，細香蔥也可以乾燥或冷凍起來，留待以後使用。

短期的新鮮貯存法

　　一束剛剛剪下來的細香蔥，特別是包含花朵的，就是一種充滿鄉村氣息的花藝擺設，暗地裡卻又是百分之百的調味料。放在盛著淡水的玻璃瓶或花瓶裡的細香蔥，可以維持好幾週的新鮮和香味。

　　若想保持久一些，就用一張溼透的紙巾包住細香蔥束的基部。把這一束香草放到塑膠袋裡，並且將上頭的開口稍微撢合起來。不要把袋口完全封死，因為一點點的空氣流通有助於使細香蔥的新鮮更持久。把細香蔥放到冰箱裡的保鮮儲藏格，這樣應該可以維持3週。當剪口看起來乾枯、萎縮，或呈暗綠色，或是開始捲曲、產生裂痕時，這代表細香蔥正在逐漸變老和變乾，應該棄之不用。

細香蔥的乾燥法

　　乾燥的細香蔥是它們之前光澤亮麗時的灰暗版本，假如食譜註明要使用新鮮的細香蔥，你也許得提高乾燥版本的用量。

　　另外，相較於新鮮細香蔥的辛辣，乾燥細香蔥的風味就宜人地溫和多了。

　　細香蔥的乾燥法很簡單，只需依照下列步驟：

1. 沖洗細香蔥。

2. 在蛋糕散熱架上鋪一張紙巾，把洗好的細香蔥放在上頭，拿到安全的地方晾乾。找一個通風且不受太陽照射的地點，請避免有灰塵、煙霧或飄著廚房氣味的地方。

3. 幾天後做一下乾燥測試。乾透的細香蔥一碰就碎。

4. 把細香蔥捏碎，然後貯存在密封容器裡。

冷凍細香蔥

　　冷凍是保存細香蔥風味最好的方法。不過，冷凍的細香蔥在質地上會變差，而且梗子也會變得更加鬆軟、呈半透明狀，並不像新鮮時那般柔韌。

　　但是，冷凍的細香蔥可用於許多需要以新鮮細香蔥烹調的菜餚裡，會變得相當美味。

　　將細香蔥用於滷汁或醬汁的菜餚，便很適合使用冷凍的細香蔥。將冷凍細香蔥切成小片，可以掩飾它變軟的質地。當然，就某些食譜而言，你最好還是等到有新鮮的材料再說。

　　請把剛採下的細香蔥沖洗乾淨，放到毛巾上晾到乾透。不要試圖用毛巾把它們拍乾，否則最後它們會受損。

　　當細香蔥變乾之後，把它們切成適合冷凍袋的大小——拉鍊袋最便於重複使用。把細香蔥堆成一堆，每一堆都另外用1根細香蔥束起來，然後一束束依序放到冷凍袋裡。封口時把多餘的空氣擠壓出去，動作要輕，才不會傷到中空的梗子，最後放到冷凍庫裡。當你需要使用時，只要用剪刀一次剪掉整束細香蔥的一端就行了。

用細香蔥做料理

細香蔥的料理用途可多著呢！它們新鮮、辛辣的風味，為許多菜餚——尤其是以番茄、起司或蛋為基底的——增添了美好風味。細香蔥是歐姆蛋及搭配酸奶的烤馬鈴薯的標準配料。下列的食譜將提供你一些如何將細香蔥加到其他餐點中的方法。

新鮮的或乾燥的？

記住，如果你要用乾燥細香蔥取代新鮮的，就要增加它的用量——試試使用食譜所需的2倍量。

細香蔥火腿義麵烘蛋

（4人份晚餐／8人份午餐或早餐）

- 90毫升特級初榨橄欖油，分次使用
- 1/4杯細香蔥，切碎
- 1/2杯煮熟的火腿，切成小塊或條狀
- 1小撮現磨黑胡椒
- 1/4杯磨碎的芳提娜起司（Fontina cheese）
- 230公克天使麵（Capellini 義大利細麵），煮熟，瀝乾
- 4顆大的蛋，打散

1. 將30毫升橄欖油放到一只長柄平底煎鍋裡以中火加熱，微炒細香蔥和火腿2分鐘，然後撒上胡椒。

2. 把炒好的火腿混合物、起司、煮好的麵和蛋放到一只大碗裡混勻。

3. 用一只30公分的長柄平底煎鍋（最好是不沾鍋），以中高火加熱45毫升橄欖油，直到油變熱（以熱油烹調可防止黏鍋）。

4. 倒入步驟2的義麵混合物，利用小鏟子的背面將混合物壓平，使它的大小剛好填滿鍋子，然後轉為中火。每隔一段時間就重新調整一下鍋子在火源上的位置，讓烘蛋的每一部分得到相同的加熱時間，它的熟度和色澤才會均勻。

5. 大約8到10分鐘之後，當烘蛋的表面開始顯現出蛋烘熟的跡象時，就該翻面了。

6. 取一個大盤子倒扣在平底鍋上，盤子必須比鍋子還大。以左手拿鍋柄，右手貼在倒扣的盤底，將鍋盤壓緊。迅速地將鍋盤翻轉過來，讓烘蛋完整無缺的落在盤子裡。

7. 鍋子放回瓦斯爐上，將烘蛋擱置一旁，把剩下的15毫升橄欖油放到平底鍋裡加熱。

8. 把盛著烘蛋的盤子拿到鍋子上方，讓烘蛋慢慢地滑入鍋中，尚未煮的那一面朝下。

9. 以中火加熱，每隔一段時間就轉一下鍋子，有助於均勻受熱，直到烘蛋熟了，底部呈金黃色，需時大約8到10分鐘。

10. 把烘蛋盛到出餐盤上，方法跟翻面的時候一樣。至少花5分鐘的時間放涼，然後切成楔形，出餐。由於享用烘蛋的最佳溫度是室溫，所以你可以在用餐前幾個小時先做好，並且在出餐前先放涼。

細香蔥蝦餃

（20到25顆餃子／4人份開胃菜或2份主餐）

- 10毫升蔬菜油
- 1杯細香蔥，洗淨，晾乾，切碎
- 15毫升鮮薑末
- 1/4杯菱角，沖洗，瀝乾，切丁
- 115公克蝦，煮熟，剝殼，切碎（罐頭的可接受）
- 225公克瘦豬絞肉
- 5毫升烘烤芝麻油
- 5毫升醬油
- 5毫升糖
- 10毫升玉米粉
- 1小撮現磨黑胡椒
- 20到30張餃子皮（在大部分雜貨店裡的蔬菜區；如果沒有圓形的，就把方形的餛飩皮剪成直徑7.5公分的圓形）

醬汁
- 15毫升醬油
- 15毫升紹興酒、味醂或雪莉酒
- 5毫升烘烤芝麻油
- 5毫升細香蔥末

1. 拿一只長柄平底鍋以大火加熱，攪拌蔬菜油使之覆蓋住整個鍋底。油熱了之後，放入細香蔥翻炒，直到細香蔥呈鮮綠色，大約30秒。

2. 把鍋子從火源上移開，將細香蔥倒入攪拌碗裡。加入薑末、菱角、蝦子、豬絞肉、芝麻油、醬油、糖、玉米粉和胡椒。用木製湯匙或手攪拌均勻，然後把食材擠壓成一團。

3. 蓋上鍋蓋，靜置於冰箱中至少2小時。

4.當你想要包餃子的時候，準備一小碟水，和一個用來放餃子的盤子或烤盤。

5.把餃子皮放到你的左手掌上，舀起大約1湯匙（15毫升）的餡料，放到麵皮中央。

6.以右手的一根手指沾水，抹在餃子皮的邊緣。把餃子皮對摺，包住餡料，沿著邊緣捏起來封住，放到剛剛準備好的盤子或烤盤上。繼續包餃子，直到餡料用完。

7.把餃子用東西蓋住，以免變乾。這個時候，可以把餃子冷藏或冷凍起來，待需要時使用。

8.做沾醬時，把材料統統攪拌在一起，然後放到一只好看的碗裡待用。

9.當你想要煮餃子的時候，把一鍋鹽水煮滾，然後小心地把餃子放到滾水裡，煮4到5分鐘。記得不時攪拌，以免餃子黏在一起。

10.瀝掉水分，佐以沾醬，趁熱出餐。

細香蔥四季豆

（4人份副餐）

• 455公克新鮮四季豆，洗淨，摘掉梗子
• 30毫升奶油
• 1/4杯細香蔥，切成小片
• 5毫升白酒醋
• 鹽和現磨黑胡椒

1.把四季豆蒸熟或煮熟，直到變軟，然後瀝掉水分。

2.在一只平底鍋裡以中低火融化奶油，然後加入細香蔥。翻炒1分鐘，
  再加入四季豆，然後繼續炒2分鐘。

3.加入白酒醋、適量的鹽和胡椒，然後從火源上移開，趁熱出餐。

細香蔥馬鈴薯沙拉

（4人份副餐）

- 4顆紅皮水煮馬鈴薯，擦洗乾淨，不要削皮
- 60到75毫升紅酒醋
- 4根芹菜梗
- 1根黃瓜
- 30到45毫升細香蔥，適量
- 30到60毫升美乃滋
- 5毫升美式芥末
- 鹽和現磨黑胡椒

1.用一個大鍋將水煮滾，放入馬鈴薯，煮到能以刀尖輕易戳穿的程度，
  大約20分鐘。接著瀝掉水分，放涼到不會燙手的程度。

2.將帶皮的馬鈴薯切成大約2公分大小的塊狀，然後放到一只大碗裡。
  接著拌入紅酒醋，靜置一會兒，在你準備其他材料的期間偶爾攪拌一
  下即可。

3.擦洗芹菜，切成小段。黃瓜削皮，去籽，切成小段。沖洗細香蔥，弄
  乾，然後切細，留一點漂亮的芽尖來做裝飾。

4.等馬鈴薯涼了之後，拌入蔬菜、細香蔥、美乃滋和芥末醬。適量的鹽
  和胡椒調味，依照你的口味去調整美乃滋和醋的比例。

5.在出餐前先放在冰箱裡幾個小時，讓風味融合在一起，這樣的沙拉最
　好吃。在以細香蔥的芽尖做裝飾之前，先攪拌均勻。

細香蔥薑蒜雞
（4人份主餐）

- 30毫升蔬菜油，分次使用
- 4片去皮的無骨雞胸肉
- 1/4杯（60毫升）細香蔥，切碎
- 2瓣大蒜，切碎
- 1湯匙鮮薑，切碎
- 180毫升雞湯
- 60毫升米酒醋
- 30毫升海鮮醬
- 5毫升紅糖
- 12片細香蔥葉，切成5公分長
  的小段

1.取15毫升蔬菜油抹在一只大平底鍋的鍋底，以中高火加熱。等油熱了
　之後，將4片雞胸肉放入鍋裡。

2.燒烤雞胸肉（用它們自己的汁），直到兩面皆呈金黃色，共需時約5
　分鐘。接著盛到盤子裡，放置一旁。

3.再以中火加熱平底鍋，放入其餘的蔬菜油。油熱了之後，放入細香
　蔥、大蒜和薑，翻炒，直到大蒜變軟（大約1分鐘）。

4.倒入雞湯、醋、海鮮醬和糖，以文火慢煮，一邊攪拌，直到混合物開
　始變濃稠（2到4分鐘）。

5.把雞肉倒回平底鍋裡，和其他食材以小火一起煮，直到肉煮到入味。

6.在起鍋前放入細香蔥段，用攪拌的方式讓菜覆上醬汁，並且帶出菜的
　色澤。趁熱出餐。

親手為自己的生活增添一些樂趣，
讓平凡的日子充滿諸多驚奇……

Circle

8

Circle
8